育てて生かす

ハーブで楽しむ庭づくり

監修
東山早智子

成美堂出版

PART 1

ハーブのある暮らし……4
ハーブ図鑑の見方・本書に出てくる用語解説……6

ハーブ栽培の基本……7

ハーブって何？……8
ハーブの分類……10
ゼロからハーブ花壇をつくる……12
鉢植えを育てる……17
寄せ植えをつくる……20
タネまきにチャレンジ……22
ハーブはオーガニックで育てたい……26

PART 2

ハーブで楽しむ四季の暮らし……29

春……30
春のガーデン作業……32
春のアフターガーデニング……37
[図鑑] 春から花や実を楽しめるハーブ……42
カレンデュラ、ジャーマンカモミール、センテッドゼラニウム、ナスタチウム、ボリジ、スイートバイオレット、ワイルドストロベリー

初夏……48
初夏のガーデン作業……50
初夏のアフターガーデニング……55
[図鑑] ティーで活躍するハーブ……65
ミント、バタフライピー、レモングラス、レモンバーム、レモンバーベナ、ローゼル、コーンフラワー、コモンマロウ、エルダー
[図鑑] キッチンで活躍するハーブ……72
セージ、スイートバジル、ローズマリー、チャイブ、ルッコラ、タイム、スープセロリ、イタリアンパセリ、ディル、フェンネル、チャービル、コリアンダー、オレガノ、マジョラム、タラゴン、ウインターセボリー

夏……82
夏のガーデン作業……84
夏のアフターガーデニング……86
〔図鑑〕初夏〜夏の花が美しいハーブ……91
ラベンダー、モナルダ、エキナセア、キャットミント、ラムズイヤー
〔図鑑〕チンキなどで活躍するハーブ……95
セントジョーンズワート、サントリナ、ヨモギ、ドクダミ、ルー、コモンヤロウ、タンジー、チェストツリー

秋〜冬……100
秋〜冬のガーデン作業……102
秋〜冬のアフターガーデニング……106
〔図鑑〕冬も楽しめる常緑のハーブ……109
ローレル、ユーカリ、マートル、オリーブ

PART 3

お手本にしたいハーブガーデンの楽しみ方……111
フランスの田舎をイメージした自宅ショップ waon.k 長瀬さん……112
DIYガーデンにハーブを取り入れて Sweet House 山田さん……114
ハーブの魅力を知りつくした"ハーブの達人"の庭 Witch's Garden 福間さん……120
ハーブ索引……126

ハーブのある暮らし

ハーブを取り入れたガーデニングの魅力は、
なんといっても「収穫」の楽しみがあることです。
摘みたてのハーブにお湯を注ぐと
香り高いハーブティーを楽しめ、
収穫したばかりのハーブや
ドライにして保存しておいたハーブを料理に使うと
料理の世界が一気に広がります。
そのほかオリジナルのハンドクリームや入浴剤をつくったり、
リースやスワッグなどのクラフトにチャレンジするなど
楽しみ方は多種多様。
ハーブと他の植物を組み合わせて
次のシーズンはどんな庭をつくろうかと計画するのも、
ワクワクする時間です。
自分で育てたからこそ、収穫の喜びもひとしお。それに
無農薬で育てると、安心して口にし、肌にも使えます。
ハーブを暮らしに取り入れると、
自然が身近になり、植物の力を改めて実感できます。
あなたもハーブを育てて、
日々の暮らしをより豊かなものにしませんか？

ハーブ図鑑の見方

本書では、テーマごとに図鑑ページを設けています。ハーブによってさまざまな使い方が可能です。図鑑を参考に、アイデアを生かして育てたハーブを自由に活用してください。また、図鑑のページでは、苗やタネが入手しやすく、育てやすいハーブを掲載しています。

※本書で紹介しているハーブの楽しみ方は一例です。ハーブは、医薬品のような有効性を保障するものではありません。個人差もありますので、症状の改善を目的とする場合や異変が生じた場合などは、必ず医師、薬剤師にご相談ください。 ※本書の内容に基づき、運用した結果については、監修者や編集者、出版社などのいずれも責任を負いかねます。

A ハーブ名：一般的な植物（ハーブ）の名称

B 学名：ラテン語で書かれた世界共通の植物分類学上の学名
*原則としてAPG分類体系に準拠。
*学名の後のspp. は、近似種をまとめて紹介する場合に使っている。

C 科名：植物分類学上の科名 *原則としてAPG分類体系に準拠。

D 原産地

E 別名：一般的によく知られている主な別名や和名

F 性質：気温に対する性質（耐寒性、半耐寒性、非耐寒性）
生育形態（一～二年草、多年草、低木、高木）

G 草丈：草本植物の伸び高　**樹高**：木本植物が最大に生育した場合の高さ

H 多種類を紹介する場合に学名と共に記載 *同種の色違いでは学名省略。

I 生育上の特筆事項など *半ページ表記の場合は省略。

J 植えつけや収穫などの時期をカレンダー形式で紹介
*栽培カレンダーは、関東南部を基準にしている。

K おすすめの利用法などを紹介

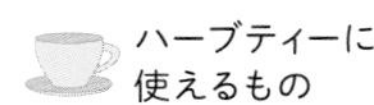
ハーブティーに使えるもの

料理やお菓子づくりなどに使えるもの

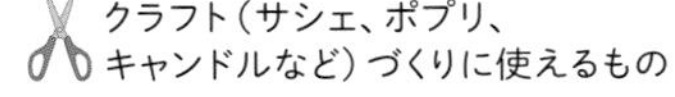
クラフト（サシェ、ポプリ、キャンドルなど）づくりに使えるもの

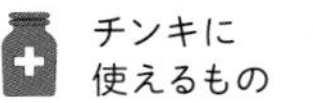
チンキに使えるもの

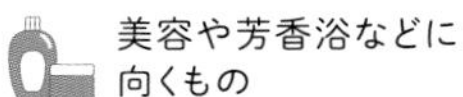
タッジーマッジーなどの花束、切り花、寄せ植えに向くもの

美容や芳香浴などに向くもの

本書に出てくる用語解説

植物の性質、園芸全般にかかわる用語

●**草本（そうほん）植物**……いわゆる「草」と呼ばれる植物。木の特徴である形成層は持たず、ある程度育つと、それ以上太くはなりません。

●**木本（もくほん）植物**……いわゆる「木」。樹皮の内側に「形成層」と呼ばれる組織があり、その部分が木質化して育っていきます。

●**萼（がく）**……花弁の根元にある小さな葉のようなもの。花の一番外にあって、花弁やしべを守る役割があります。

●**苞（ほう）**……つぼみを包むように葉が変形したもの。苞葉ともいいます。

●**匍匐（ほふく）性**……植物の枝や茎が、横に這うようにして伸びる性質のこと。這い性（はいせい）、クリーピングといった言葉を使うこともあります。

●**立ち性（たちせい）**……枝や茎が、上に向かって伸びていくこと。

●**直（じか）まき**……タネまきをした後、ポットあげなどの作業を経ず、まいた場所でそのまま育てる方法。

●**とう立ち**……花を咲かせるため、花茎が伸びた状態のこと。とう立ちすると花を咲かせるために養分をとられ、株が大きくならなかったり、葉が堅くなることがあります。

●**ポタジェ**……草花や野菜、ハーブなどを一緒に植え、観賞と収穫共に楽しむヨーロッパ式の庭の作り方。

●**マルチング**……植物の株元を、バークチップなどのマルチング材や藁などで覆うこと。雑草の発生や土の乾燥を防ぐ、冬季の土を保温するなどの働きがあります。

ハーブにかかわる用語

●**浸出油**……植物オイルにハーブを浸して、脂溶性成分を浸出させたオイル。

●**チンキ**……ハーブをアルコールに浸けて、有用成分を抽出した液。希釈して使用します。化粧水やクリームなどに加えたり、入浴剤、またハーブの種類によっては飲料にも使います。

●**ポプリ**……容器にさまざまなハーブ、木片、スパイス、精油などを混ぜて熟成させたもの。好みや目的によって、配合を変えます。

●**サシェ**……ポプリを布の袋に入れたもの。身につけたり、バッグやクローゼットなどに入れて香りを楽しみます。

●**スワッグ**……花や枝を束ねた壁飾りのこと。ヨーロッパで、魔除けのためにハーブを束ねたものを壁や扉に吊るす習慣が、スワッグの始まりといわれています。束ねた部分を上にして吊り下げるのが一般的。

●**タッジーマッジー**……「芳香を持つ小さな花束」という意味。中世ヨーロッパで、悪魔や疾病から身を守るため、殺菌力や霊力があるとされるハーブを花束にして身につけたのが始まりといわれています。

●**ミツロウ**……ミツバチが巣をつくる際に分泌するワックスで、肌の修復作用があるとされます。ミツロウに浸出油を加えると、ハンドクリームやボディクリームなどをつくることができます。

PART 1

ハーブ栽培の基本

ハーブって何？

香りがあり暮らしに役立つ植物

ハーブティーやハーブキャンディーなど、「ハーブ」がつく言葉は、身近にいろいろあります。スーパーマーケットの野菜売り場には、ハーブコーナーが設けられている場合も。いまやすっかり暮らしに根づいているハーブ。でも改めて「ハーブって何？」と聞かれると、案外答えるのが難しいのではないでしょうか。

ハーブとは、かみくだいていうと、「香りがあり、人の暮らしに役立つ植物」のこと。ひとくちに「役に立つ」といっても、料理やティーに活用したり、その植物が持つ成分を生かしてチンキやアロマオイルをつくるなど、使い道はいろいろです。

たとえばラベンダーの花の香りをかぐと、リラックスする方も多いのでは？ これはラベンダーに含まれている香り成分に、鎮静作用があるからだとされています。また、ラベンダーの香り成分を含んだ蒸気を吸うと、気管支炎などの症状が抑えられるともいわれています。

人は大昔から、こうした植物の力を利用してきました。たとえば古代メソポタミア文明やエジプト文明の時代の遺跡からも、さまざまな植物が儀式や医薬品として使われていたことがうかがえます。また、漢方薬やインドの伝統医療アーユルヴェーダでも植物が使われています。

和洋さまざまな植物がハーブの範疇に

ハーブという言葉は、ラテン語で「草」を表わす「ｈｅｒｂａ」が語源で、もともとはヨーロッパにおける有用植物の総称でした。中世ヨーロッパでは、修道院やお城、荘園などにハーブ園を設けるのが伝統。化学的に合成された薬がない時代には、植物の力を活用していたわけです。

今ではネイティブ・アメリカンが伝統的に使ってきたエキナセアやオーストラリアのユーカリの一部など、さまざまな植物がハーブに含まれています。ヨモギやドクダミなど日本の有用植物も、ハーブと呼んでもよいでしょう。

プレゼントに香りの花束

芳香を持つ小さな花束“タッジーマッジー”。
中世ヨーロッパでは、魔除けや厄病除けに使われたとか…。

美しさと香り、成分を楽しむ

毎年、株が大きく育っていくラベンダーはハーブの女王。香りは安らぎを与えてくれ、サシェ、ハーブティー、クッキーなどで大活躍。

収穫の楽しみを存分に味わう

収穫したハーブは、小束に分けて乾燥させて。
ガーランド（p64参照）にして、飾りながらの保存もおすすめ。

収穫したキッチンハーブ

スープセロリやローズマリー、スイートバジル、タイムなど、料理に欠かせないハーブを自宅で育てると、必要な分だけフレッシュな状態で収穫できます。しかも無農薬で育てたら安心！

有用成分を抽出してチンキに

ハーブをアルコールに浸けて有用成分を抽出。希釈してローションや入浴剤、飲み物などに使えます。

心と体を癒してくれるハーブティー

フレッシュやドライハーブをブレンドして、香り高いハーブティーを。それぞれのハーブの性質を知ると、その時々の自分の状態に合ったティーを楽しめます。

ハーブの分類

「草」と「木」がある

植物は大きく、草本植物と木本植物に分けることができます。わかりやすくいうと、「草」と「木」。ハーブの大部分は「草」で、一年か二年で枯れてしまう一年草と、何年も生き続ける多年草があります。

多年草のうち、地下部が肥大して養分を蓄える仕組みを持つものは、球根植物と呼ばれることもあります。チャイブなどが、その例です。

一年草は毎年タネまきをするか、苗を買って育てます。多年草は一度植えたら何年か楽しむことができますが、株が大きくなりすぎた場合は、株分けが必要です。

常緑樹と落葉樹

ハーブには、オリーブやローレルのように「木」になるものもあります。またラベンダーやタイムなどは、一見すると多年草のようですが、実は低木です。木は、一年を通して葉色がほぼ変わらない常緑樹と、冬には葉が落ちて春に新しい葉が芽吹く落葉樹に分けられます。

木は放っておくと枝が伸びすぎ、樹形が崩れる場合も。適宜剪定することで形が整い、風通しがよくなり、健康に育てることができます。

{多年草のハーブ}

1度植えたら何年も成長を繰り返します。
冬に地上部が枯れるものと、
枯れないものがあります。

{一～二年草のハーブ}

発芽して成長し、開花を経て枯れるサイクルが、
1年もしくは2年以内に終わる植物。
タネは春か秋にまきます。

フェンネル　ミント類　カレンデュラ　ジャーマンカモミール

レモンバーム　チャイブ　ルッコラ　スイートバジル

エキナセア　マジョラム　ボリジ　ナスタチウム

{低木のハーブ}

最終樹高が3m以内におさまるもの。
タイムやラベンダーなど、背がかなり低いものもあります。

レモンバーベナ

レモンタイム

サントリナ

ローズマリー

ラベンダー

{中高木のハーブ}

剪定しないで放置しておくと、
最終樹高が3m以上になる
可能性がある木。
品種によっても樹高は変わります。

ユーカリ

オリーブ

原産地を知ると育て方の参考になります

栽培するハーブの原産地を知ると、どのような気候を好み、逆にどのような環境が苦手なのかがわかり、育てる際の参考になります。それぞれのハーブの原産地については、各ハーブの図鑑ページをご覧ください。

ヨーロッパ原産のハーブ

カモミール・タンジー・チャービルなど

冬の寒さは比較的得意ですが、高温多湿になる日本の夏は苦手。場合によっては夏、枯れてしまうものもあります。梅雨前に切り戻すなどして、風通しをよく育てます。

地中海沿岸原産のハーブ

ラベンダー・オリーブ・ローズマリー・タイムなど

地中海沿岸は、冬は比較的温暖で、夏は乾燥ぎみ。日本の梅雨や、夏の高温多湿は苦手です。水はけをよくし乾燥ぎみに育て、梅雨前に切り戻しや枝透かしをして、風通しよく育てます。

アジア（熱帯地域）原産のハーブ

レモングラス・タデアイなど

屋外での冬越しが難しい品種もあります。鉢植えにして冬は屋内に取り込むか、なんらかの防寒対策が必要です。

アジア（温帯地域）原産のハーブ

ドクダミ・シソ・ヨモギなど

日本の気候に合うものが多く、育てやすいものがほとんどです。

その他

エキナセア（北米東部）・ナスタチウム（南米）など

乾燥ぎみの気候を好むハーブもあるので、確認しましょう。

challenge!

ゼロからハーブ花壇をつくる

美しさと実用面を兼ね備えているのが、ハーブ主体の花壇です。基本的にハーブは丈夫なものが多いので、育てるのも簡単。ゼロから花壇をつくる場合は、秋冬か春早い時期にしっかり土をつくっておきましょう。

1 環境

花壇をつくる場所の日当たり、風通しを確認します。日照条件によって育てやすいハーブが変わりますが、多くのハーブにとって、午前中の光が差し込む場所が理想的です。ただし夏の西日は苦手なハーブもあるので、注意しましょう。また、ハーブの多くは高温多湿を嫌います。なるべく風通しが確保できるところに花壇をつくりましょう。

2 土

ハーブは乾燥ぎみの環境を好むものが多いので、「赤玉土を加える」「水はけのよい土を足して高さを出す」などの工夫をして、水はけをよくします。バーク堆肥など有機質をたっぷり鋤き込んでおくと、土がふかふかになり、生育がよくなります。

3 肥料

ハーブは丈夫でよく生育するものが多く、肥料過多だと茂りすぎてしまう場合もあります。肥料入りの培養土を利用した場合は、元肥はそれほど必要がありません。バーク堆肥を鋤き込み、有機肥料を少量混ぜたくらいで大丈夫です。

4 植物の選び方

ハーブ花壇をつくる際は、次の点を考慮して植物を選びましょう。

①高低差をつける

平面的にならないよう、花壇の奥には高さやボリュームのある植物を、手前は背が低いものを植えます。縁沿いに匍匐(ほふく)性の植物を植えると、縁に植物がかかり、ナチュラルな雰囲気になります。

②環境にあった植物を

日照条件や風通しを考慮し、環境にあった植物を選ぶようにしましょう。料理に活用したいならキッチンハーブ、クラフトを重視したいならクラフト向きハーブを多めにするなど、用途に応じて植えるものを決めます。

用意するもの

土と肥料

①培養土
あらかじめ補助用土を混ぜてある市販の園芸用土。

②有機肥料
肥料を使う際は有機のものを。写真はバットグアノ。

③苦土石灰
酸性に傾いた土を調整し、マグネシウムとカルシウムも補給します。

④赤玉土
水はけをよくする働きがあります。花壇には中～大粒が向いています。

⑤バーク堆肥
有機質を補充する役割があります。使う量は土の状態によって決めます。

⑥くん炭
土の保水性、通気性をよくし、土壌が酸性に傾くのを防ぎます。

移植ゴテ
苗を植える際は、移植ゴテを使います。

シャベル　クワ
ある程度広い範囲を耕すには、クワが便利。

レンガ
花壇の縁と、花壇内のステップに使います。

土づくり

ハーブが健康に育つためには、土が大事。有機質を充分に含んだ、通気性のある土が理想的です。

水はけをよくするために、土を足してかさ上げするのがコツ。

1 花壇にする場所の雑草などは、ていねいに抜いておく。

2 クワでよく耕し、固まっている土は砕き、充分空気を入れる。

3 全体をかさ上げするため、培養土を入れる。

4 赤玉土とバーク堆肥を適量まく。

5 苦土石灰、有機肥料を適量、新たに入れた土の量の1割程度のくん炭をまく。

6 クワかシャベルで、全体をよく混ぜる。

縁をつくる

このようにレンガを斜めに並べると
モルタルを使わず、簡単に
花壇の縁をつくることができます。

1 レンガの端を少し土に埋めるようにし、斜めに並べていく。

2 レンガで花壇内にステップをつくっておくと、収穫作業などがしやすい。

植えるハーブ

フェンス近くには、年々大きく育っていく、
ルー、サントリナ、ラベンダー‘グロッソ’を。
手前の縁の近くには、草丈が低く、
横に広がっていくキャットミントや
ゴールデンレモンタイムを配置し、
斑入り葉の植物で色合いの変化をつけます。

②ラベンダー‘グロッソ’
シソ科／常緑低木／
花期6〜7月
徐々に株が大きくなっていくので、
間をあけて植えたほうがよい。

①ルー
ミカン科／常緑低木／
花期6〜8月
シルバー系の葉は独特の香りが。
黄色く小さな花は甘い香りがする。

⑥キャットミント
シソ科／多年草／
花期5〜7月
草丈が低く匍匐性なので、手前の
縁沿いに植える。

⑤ボリジ
ムラサキ科／一年草／
花期3〜9月
草丈が80㎝くらいになり葉も大き
く広がるので、間をあけて植える。

④レモンタイム
シソ科／常緑低木／
花期5〜7月
草丈が低いので、なるべく手前の縁
沿いに植える。

③サントリナ・ハウスマニー
キク科／常緑低木／
花期6〜7月
細かい切れ込みのあるシルバー系の
葉が美しく、花の季節以外も魅力的。

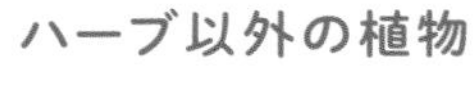

⑨シレネ‘ドレッツ・バリエガータ’
ナデシコ科／多年草／花期4〜7月
斑入り葉が美しく、タイムのそばに植えると
お互いに引き立て合う。

⑧ゴールデンレモンタイム
シソ科／常緑低木／
花期5〜7月
葉色が黄金色になり、濃い葉色の
タイムと引き立て合う。

⑦ローマンカモミール
キク科／多年草／
花期5〜6月
多年草のカモミールなので毎年楽
しめる。

植物を植える

草丈が高いボリジと年々大株になるラベンダーは、株間をあけるように。
隣り合う植物の葉色にコントラストがつくよう配置するのがコツです。

1 ポットのまま配置して、全体のバランスを見て位置を調整する。

2 ポットから出して植えていく。

3 根鉢がまわっている場合は、下のほうを軽くゆるめてから植える。写真はルー。

4 根鉢が固まったレモンタイム。割りばしなどで軽くほぐし、下1/4ほどハサミで切る。

5 泥ハネ防止のため、土の表面に赤玉土をまく。

6 できればホースではなくジョウロで、土がえぐれないように静かに水やりをする。

←
20〜30㎝くらい株間をあけて植える

ボリジはあっという間に大きくなり、タイムなどは横に広がるので、このくらい株間をあけましょう。ただ植えた直後はちょっとさびしいので、ポイントに寄せ植えを置きました。

伸びたら整理する

気温が上がってくると、あっという間に育っていきます。
伸びた枝は収穫を兼ねてカットし、茂りすぎた葉は整理しましょう。

5月4日

植えたては株間があいているため少々さびしい印象でした。

1ヶ月後

6月3日

植えつけから1ヶ月で、こんなに茂りました。ボリジの葉がタイムにかかっているので、葉を整理します。

伸びた枝や広がった葉をカット

ボリジの葉を整理し、全体に日が当たるように。

ボリジは地際の葉をカット。

伸びすぎたキャットミントの枝をカット。

Challenge!

鉢植えを育てる

よく使うハーブは鉢で近くに

基本的にどんなハーブも、鉢植えでの栽培が可能です。鉢植えだとそれぞれのハーブに合った環境に置くことができますし、おしゃれな鉢で空間を演出する楽しさもあります。

庭がある方も、料理によく使うハーブをプランターや植木鉢に植えてキッチンの近くに置けば、すぐに摘み取って使えます。

とくに鉢植えが向くハーブ

繁殖力の強いミントは、庭植えにすると、他の植物を押しのけて茂りがち。適度な量に留めておきたいなら、鉢植えがおすすめです。

またレモングラスなど、寒冷地では屋外での冬越しが難しいハーブは、鉢植えのほうが楽です。地植えだと冬になる前に掘り上げ、鉢に植え替えて室内に移す必要があります。

タイム、コリアンダー、フェンネルの小さな寄せ植え。

手前左からティーハーブの寄せ植え、トリカラーセージの鉢植え、ブラックペパーミントの鉢植え。

用意するもの

ここでは常緑低木のマートルを例にあげていますが、多年草、一年草も、
植え方は変わりません。基本の用土に元肥と苦土石灰を加えて植えつけます。

植える苗

マートル

※基本の用土の替わりに、市販の培養土を使用してもかまいません。

①基本の用土
A 赤玉土（小粒）
B くん炭
C 腐葉土
赤玉土7：腐葉土3で配合。赤玉土と腐葉土の総量の1割、くん炭を加える。土を軽くしたい場合は赤玉土6：腐葉土2：バーミキュライト1：くん炭1の割合で。
②鉢底石
③鉢
④有機肥料
⑤苦土石灰
1鉢につき、約１つまみ使う。
⑥鉢底網
⑦割りばし
⑧筒形土入れ

用土を準備

赤玉土と腐葉土、くん炭を混ぜた
基本の用土は
水はけがよく、通気性に富みます。
また、あまり重くならないので、
大きめの鉢植えにも向きます。さらに
軽くするなら、バーミキュライトで調整を。

1 赤玉土、腐葉土、くん炭をよく混ぜる。

2 有機肥料、苦土石灰を加え、さらに混ぜる。

鉢の準備

通気性のよい素焼き鉢は、
ハーブ栽培に理想的です。
ただ素焼き鉢は、土を入れると
かなり重くなるので
作業動線や置き場所を考慮しましょう。

1 鉢底穴に鉢底網を敷く。

2 鉢底石を適量入れる。鉢を軽くしたい場合は、やや多めに入れるとよい。

苗を植える

鉢植えにする際は、鉢の縁ぎりぎりまで土を入れず、
縁から2〜4㎝、ウォータースペースをつくるのがポイントです。

できあがり

1 土を適量入れ、ビニールポットから抜いた苗を置く。苗の土の上面の高さが、ちょうどウォータースペースの位置になるよう調整する。

見る方向によって樹形が違います。どちらが正面にふさわしいか、よく見極めましょう。今回は無地の鉢なので問題ありませんが、模様などがある場合、正面から見たときに見映えがよい向きに。

2 苗のまわりに土を入れていく。

3 割りばしなどを斜めに挿して、土の隙間をなくす。

根鉢は崩すほうがよいか崩さないほうがよいか

根鉢とは、ポット苗を抜いたときの根の塊のこと。根がぎゅうぎゅうに詰まっていたりポットに沿って巻いている場合、そのまま植えると根が健康に育たないことも。そのため「手で全体をゆるめる」「底のほうをほぐす」といった作業を行います。ただし次のような場合は、根鉢は崩さないようにします。

①移植を嫌う植物

ディルやコリアンダーなどセリ科の植物は移植が苦手で、根をいじられるのを嫌います。苗を植える際は根鉢を崩さないようにします。

②低木〜中高木

太い根が出る木は根が切れると枯れることがあるので、根鉢は崩さずそのまま植えるようにします。ただしタイムなどひげ根がたくさん出る小低木はこの限りではありません。

1 根鉢がすっかりまわり、かちかち状態になったタイムの苗。

2 手で根をゆるめることができない場合は、割りばしなどを使ってほぐす。

3 下⅓くらいをハサミで切り、さらに手でゆるめる。

4 肩の部分の土も落としてから植えつける。

植えつけ約1ヶ月後の様子。

Challenge!

寄せ植えをつくる

テーマごとの寄せ植えを

ハーブの寄せ植えは、用途ごとにテーマをもうけると、使い勝手もよく実用的です。たとえば左の寄せ植えは、「キッチンハーブ」がテーマ。サラダや魚料理、肉料理に使いやすいハーブ5種類を集めました。緑色だけではさびしいので、鮮やかな花色のナスタチウムを入れたのがポイント。ベランダやキッチンの近くに置くと、料理をする際、使う分だけ手軽に収穫できて便利です。

そのほか、ティー向きのハーブを集めた寄せ植え（p32参照）、ブーケガルニ向きのハーブ（p76参照）を集めた寄せ植えなどがおすすめ。もちろん、季節感のある花を主役にした見た目重視の寄せ植え（p85参照）も楽しいものです。

用意するもの

培養土・赤玉土（小粒）

市販の培養土を使う場合は、赤玉土（小粒）を1〜2割混ぜて調整すると、根の張りがよくなります。

ネット状の籠

植えるハーブ

①チャイブ　②ルッコラ　③ナスタチウム
④イタリアンパセリ　⑤ディル

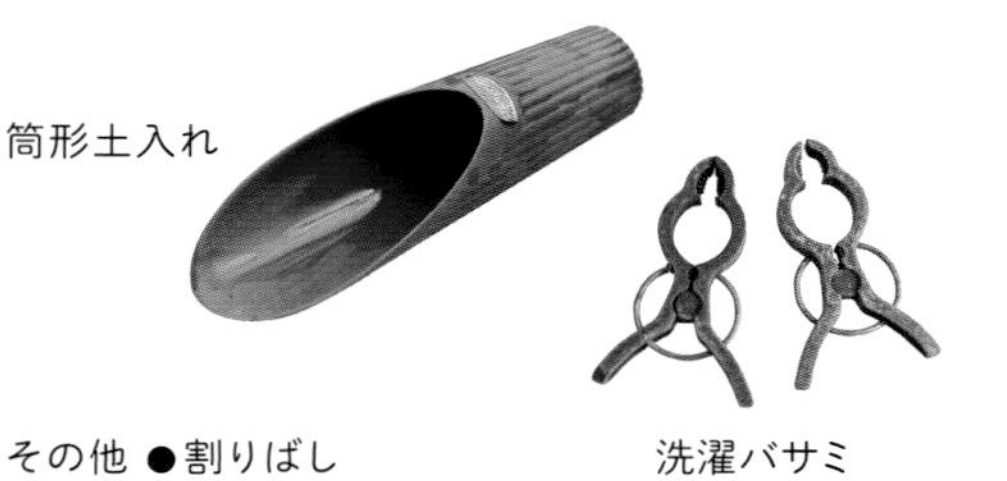

筒形土入れ

洗濯バサミ

その他 ●割りばし

麻袋用の布
（ドンゴロス）

つくり方

植える際は、なるべく背の高い苗から植えるようにします。
根鉢の高さによって、必要に応じて土を途中で足しながら植えるのがコツです。

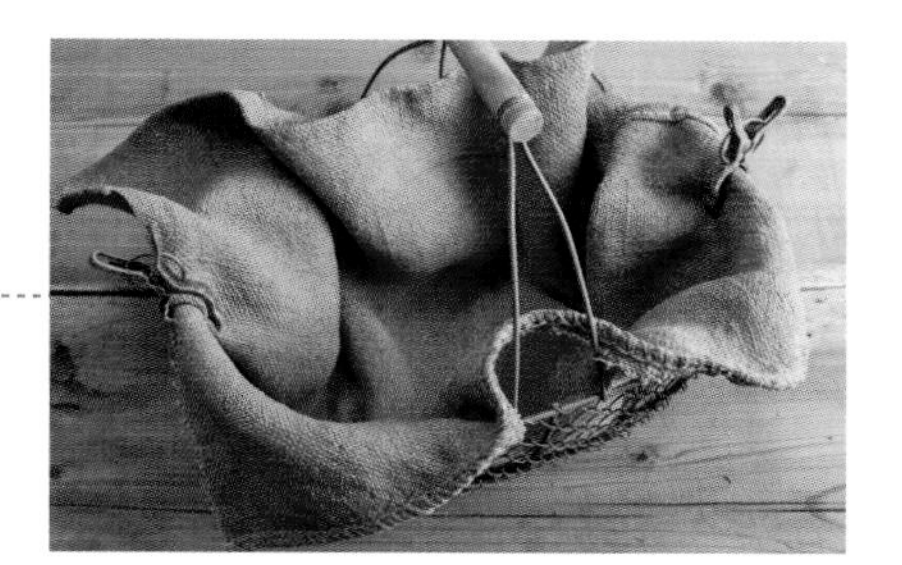

1 籠にドンゴロスを敷き、洗濯バサミで仮留めする。

2 ポットのまま、苗を仮置きして植える位置を決める。

3 用土を適量、入れる。

4 背の高いディルを最初に植える。適宜土を足して高さ調節をし、次々植える。

5 根鉢がまわっているルッコラ。根の真ん中を少しほぐしてから植える。

6 ルッコラやナスタチウムは、やや縁に向けて傾けて植える。

7 苗の間に土を入れる。筒形土入れを用いると作業しやすい。

8 割りばしを突き挿して、土の隙間をなくす。

できあがり

Challenge!

タネまきにチャレンジ

「一年草のハーブを育てたい」「多年草の苗をたくさんつくりたい」という方は、タネから育てるのがおすすめ。少々面倒かもしれませんが、発芽し、少しずつ成長する様を見守る喜びは、代えがたいものがあります。

1 春まきと秋まきがある

タネまきの適期は、春と秋。ハーブの種類によって、春か秋どちらかが向いている、春秋両方まけるものがあります。一般的に、気温が上がってから発芽するものは春まき、暖かい時期に花や実をつけるものは秋まきが向いています。地域差もありますので、ハーブの図鑑ページの

すじまき

〈例〉コリアンダー
※一晩水に浸けておく。

- **タネの大きさ**……… 小〜中くらいのタネ
- **用土**…………………… 一般の培養土
- **まき方**………………… 指か割りばしなどで土の表面に筋状の溝をつくり、タネをまき、薄く表土をかける
- **基本的な育て方**…… 適宜、間引きをしながら、そのまま育てる

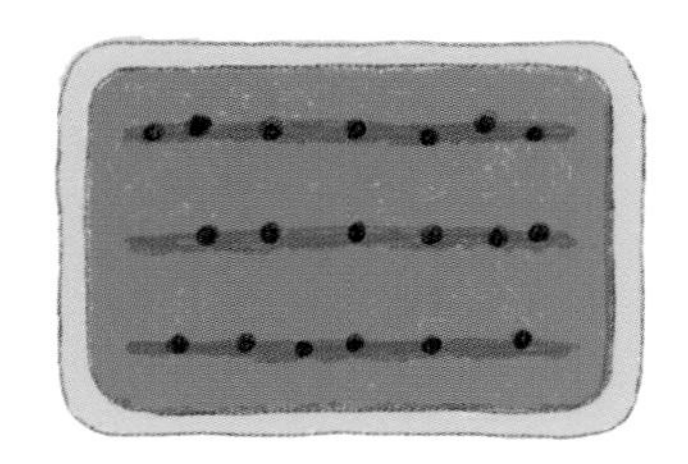

タネまき

1 プランターなどに培養土を入れ、指か割りばしなどで、筋をつける。

2 筋の上にパラパラとタネをまく。

3 ふるいを使い、タネが隠れるよう土をかける。

4 細かい目のジョウロで、そっと水を与える。

発芽・間引き

1 本葉が出始めたら適宜間引きを。間引きした芽はベビーリーフとして使う。

2 間引きをしながら育てていく。

カレンダーや、タネ袋に書かれた説明を参考にしてください。

2 まき方は大きく3種類

タネの大きさやハーブの生育の特性によって、大きく「すじまき」「ばらまき」「点まき」の3種類のまき方があります。

「すじまき」は、株をまとめて収穫したり、ルッコラのように間引きしながらどんどん収穫していくハーブが向いています。移植をあまり好まないコリアンダーなどセリ科のハーブも、この方法が向いています。

「ばらまき」は文字通りパラパラとまく方法。適宜、間引きしながら育て、必要に応じてポットあげします。

「点まき」は、大きめのタネに向いたまき方。ポットなどに2~3粒ずつまき、必要に応じて間引きをし、大きめのポットにポットあげするか、そのまま定植します。

いずれの場合も、雨でタネが流れないよう、発芽するまでは屋根のあるところで管理します。

ばらまき

〈例〉タデアイ

- **タネの大きさ**……… 小～中くらいのタネ
- **用土** …………………… タネまき用の土もしくは一般の培養土
- **まき方** ………………… パラパラとタネをまいてから、薄く表土をかける
- **基本的な育て方**…… 適宜に間引きをし、本葉2～3枚になったらポットあげ。しっかりした苗に育ったら定植

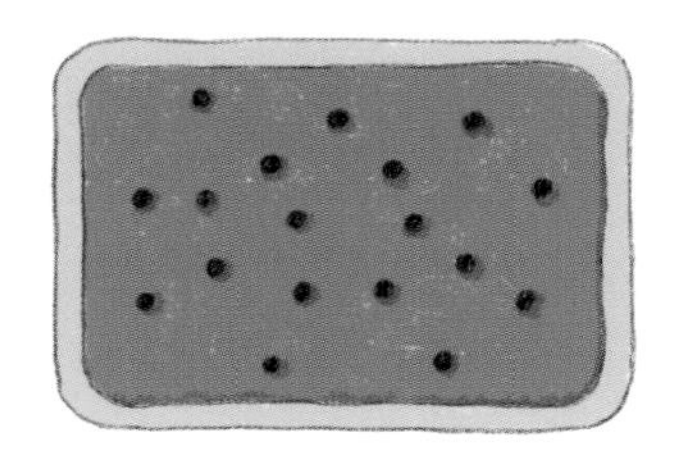

タネまき

1 育苗箱にタネまき用土か培養土を入れて湿らせておき、パラパラとタネをまく。

2 うっすらと、土をかける。

3 発芽するまで土が乾かないよう、蓋があれば蓋を、ない場合は濡れた新聞紙をかぶせておく。

発芽・ポットあげ

本葉が2～3枚出たら、ビニールポットに植え替える（ポットあげ）。

定植

1 このくらいまで育ったら、庭やプランターなどに定植する。

2 プランターに定植したところ。

点まき

〈例〉ボリジ

- ●**タネの大きさ**……… 中～大きめのタネ
- ●**用土**…………………… タネまき用の土もしくは一般の培養土
- ●**まき方**………………… ビニールポットに2～3粒ずつ植える
- ●**基本的な育て方**…… 必要に応じて間引きし、本葉が2～3枚出た頃にポットあげ。本葉が5～6枚の頃に定植

タネまき

1 ビニールポットの底に鉢底網を敷く。ちぎった葉でも代用できる。

2 タネまき用土か培養土を入れ、ジョウロで水をやり、土を湿らせる。

3 指で土に穴をあける。

4 1つのポットにつき3粒くらいタネをまく。

5 雨に濡らさないようにして管理する。

発芽・間引き

弱々しい芽や、接近しすぎている芽は間引きする。

ポットあげ

そのまま育てるか、本葉が出始めた頃、ひとまわり大きなポットに植え替える。

定植

本葉が5～6枚出てこのくらいになったら、庭や鉢に定植する。

移植が苦手なハーブに向く土に還るポット

ジフィーポットは土に還る素材でつくられているので、タネまきして育苗した苗をポットのまま定植でき、根を傷めることがありません。そのため根を触れるのをあまり好まないセリ科のハーブなどのタネまきに向いています。苗が育ち、ポットの表面から根が貫通するようになったら、ポットごと定植します。

ピートモスなど土に還る材料でつくられているジフィーポット。

ディルの双葉。必要に応じて間引きし、本葉が数枚出たら、ポットごとプランターや庭に植えつける（育て方はp78参照）。

移植が苦手なバタフライピーは、ジフィーポットでタネまき・育苗すると失敗が少ない（育て方はp66参照）。

プラグトレイを利用したタネまき

プラグトレイとは、小さな四角錐のポットが連結したトレイのこと。プラグトレイを利用してタネまきをすると、いっぺんにたくさんの苗を育てることができます。また、ある程度根がまわるとポコッとキューブ形に取り出すことができるので、ポットあげの際に根を傷つける心配がありません。

タネまき

1 ハーブの名札をつくっておく。写真はアイスキャンディーのバー。

2 プラグトレイにタネまき用土を入れ、あらかじめ湿らせておく。

3 バジル類はタネを一晩水に浸け、竹串などでプラグにまく。

4 ふるいでうっすらと土をかぶせる。

5 乾かないよう、濡れた新聞紙などをかけて管理する。

間引き・ポットあげ

1 弱々しい芽や接近しすぎている芽は間引きする。

2 プラグの底を押すと、ポコッとキューブ形に根鉢を取り出すことができる。

3 ポットあげしたところ。このまましばらく育てる。

定植

ポットあげし、本葉が数枚出たら、プランターや庭に定植する。

ハーブはオーガニックで育てたい

ハーブは料理やティーに使ったり、チンキや化粧水にするなど、直接口にし、体に触れるものです。ですから化学肥料やいわゆる農薬は使わず、ぜひともオーガニックで育てたいものです。

化学的に合成された農薬を一切使っていないハーブガーデンには、さまざまな虫や鳥たちがやってきます。ウグイスやカエルの鳴き声が響き、ハチが蜜を集め、蝶たちが舞うガーデンは、まさに小さな宇宙。ハチは植物の受粉を助けてくれ、土中の微生物は土を豊かにしてくれます。ハーブを育てるとは、そうした自然の営みを暮らしに取り込むライフスタイルそのものだといえるのではないでしょうか。

オーガニック栽培をするには、しっかりとした土づくりが大事です。よい土で健康に育つと、植物は病虫害に強くなります。また、次ページでご紹介するように、虫が忌避する成分を持つハーブなどを使って虫を遠ざける方法もあります。

とはいえ、ハーブの種類によっては、どうしても虫が寄ってきて、気がついたら葉に穴があいていることも。オーガニック栽培をするなら、「多少、虫食いになっても気にしない」くらいのおおらかさも必要かもしれません。

マメ科の植物は緑肥に

マメ科の植物は根に根粒菌が共生し、その働きで空気中の窒素を固定して他の植物や土に供給してくれます。そのため「緑肥」とも呼ばれ、茂ったら土に鋤き込む使い方もします。写真のレッドクローバーは花をハーブティーなどに利用できるうえ、緑肥として土壌を改善してくれます。

レッドクローバー

ハーブガーデンにやってくる生き物たち

エキナセア

オーガニック農薬のつくり方

虫が忌避する成分を含んだハーブやトウガラシ、ニンニクなどでオーガニック農薬をつくることをおすすめします。

できあがったオーガニック農薬は、200倍くらいに薄め、スプレーして使用します。

用意するもの

①容器(ビン) ②米酢 ③ウォッカ ④除虫菊パウダー ⑤竹酢液 ⑥ビーカー ⑦ニームパウダー ⑧トウガラシ ⑨ニンニク

使うハーブ

①サントリナ ②ルー ③キューバミント(他のミントでも可) ④ローズマリー ⑤レモングラス ⑥ローズゼラニウム ⑦ドクダミ ⑧フレンチラベンダー

材料

ウォッカ(アルコール度数40度以上)……200cc
米酢……200cc
竹酢液(または木酢液)……200cc
トウガラシ……10〜15本
ニンニク……5片
除虫菊パウダー……10g
ニームパウダー……10g
ハーブ類……適量

つくり方

1 ニンニクを包丁の腹でつぶし、容器に入れる。

2 容器にヘタを取ったトウガラシを入れる。

3 除虫菊パウダー10gを入れる。

4 ニームパウダー10gを入れる。

5 ハーブの葉をちぎって入れていく(長さ1㎝くらいを目安に)。

6 容器の口のあたりまでハーブを入れる。

7 竹酢液(または木酢液) 200cc、米酢200ccを注ぎ入れる。

8 最後にウォッカ200ccを注ぎ入れ、割りばしで全体に混ぜる。

できあがり

*できあがってから2週間は、明るいところに置き、1日1回容器(ビン)をふる。その後2週間以上冷暗所に置いた後、200倍くらいに薄め使用する(原液保管期間は約1年)。

オーガニックライフを目指しませんか？

ハーブを上手に生活に取り入れて、できる限りオーガニックな生活を目指しませんか？ ハーブは、さまざまな有用成分や力を持っている植物です。それぞれのハーブの性質を上手に利用することで、無理なくオーガニックライフを目指せます。

たとえば台所の洗剤もシャンプーも、ハーブを使って自家製にチャレンジしてみては？ ハンドクリーム、化粧水、怪我をしたときの軟膏なども、すべてハーブを使って自分でつくれます。

体調管理には、目的別にブレンドしたハーブティーを活用しましょう。喉が痛いときは、ローズマリーやタイムなどをブレンドしたハーバルスチームで喉のケアを。ハーブを取り入れた生活を始めると、風邪薬などもほとんど飲まなくてすむかもしれません。

自然の営みに敬意を払い、感謝をし、植物の力を使い切る。それが、「ハーブと共に生きる」ことではないでしょうか。

畑では、ハーブの他に野菜も無農薬で育てています。写真は春菊の花。食べきれなかった春菊はそのまま伸ばして、花を楽しんでいます。

ミツロウとハーブの浸出油を使ってつくった練り香。奥がヒース、手前がカレンデュラ。

食器用洗剤、手洗い用石鹸、シャンプーなども、合成のものは使いません。茶緑色の洗剤は台所で使っていますが、沸騰したお湯にマートルの葉を漬けて有用成分を抽出し、粉石鹸と混ぜたもの。クレンザーなども、ハーブの粉や成分を混ぜた自家製です。

センテッドゼラニウムの葉の上に、アイスクリームとイチゴのシロップ漬けを添えて。葉を敷くとほんのり香り、彩りもきれい。お皿があまり汚れないので、洗剤の量も少なくてすみます。

ヘビイチゴのチンキは、虫刺され薬になります。ホワイトリカーかウォッカに漬けておくと、2〜3週間くらいで使えるチンキに。1ヶ月くらいしたら、濾してスプレーボトルなどに保存します。

PART 2

ハーブで楽しむ四季の暮らし

春

里山に山桜が咲き始める頃
ハーブガーデンは冬の眠りから覚めます。
これから、ぐんぐんハーブが育つ季節。
日々わくわくしながら、庭仕事に励みます。

モナルダの新芽

多年草が活動開始

冬の間休んでいた多年草の芽が伸び始める季節。モナルダはこの後、約3ヶ月で60〜100cmも伸びます。

ポット苗を寄せ鉢に

寄せ植えをつくる

春になると、苗の売り出しも始まります。苗を入手したら、寄せ植えをつくったり、寄せ鉢にしたり。寄せ植えは春につくっておくと、少しずつ収穫しながら育てることができます。

里山に囲まれたガーデンに本格的に春が訪れるのは、4月に入ってから。ウグイスが鳴き始めると、いよいよ庭仕事の季節です。

春のタネまき、寄せ植えづくりなど、春は作業がたくさんあります。暑くもなく、寒くもなく、ときおり手を休めて山桜を眺め、鳥の声を聴いていると、なんとなくウキウキし、全身が潤う気がします。

雑草もどんどん茂り始めるので、草むしりもします。ただし全部抜いてしまうと、ナチュラル感がなくなります。雑草といわれている草にも、かわいい花を咲かせるものがあるので、そういうものは少し残しておきます。

秋にタネをまき冬に育苗・植えつけしたカレンデュラや、こぼれダネで増えたジャーマンカモミールやボリジなどは、春早い時期から収穫ができます。鮮やかなカレンデュラの花を見ると、自然と元気が湧いてきます。摘んでサラダに散らしたり、浸出油をつくるなど、アフターガーデニング作業も楽しいもの。またフレッシュのカモミールやレモンバームなどでティーを楽しむと、春の訪れが実感でき、すがすがしい気分になります。

ガーデンの近くでヨモギ摘み

野の草摘み

春にバスソルトをつくるときは、体を温めてくれるヨモギを加えるのもおすすめ。ティーに入れても風味豊かです。

ティーの材料になるジャーマンカモミール、
レモンバーム、レッドクローバー、スペアミントなど

春を味わう

フレッシュのジャーマンカモミールが主役のティーは、春ならではの味。ミント類などほかのハーブとのブレンドで、さまざまなバリエーションが楽しめます。

寒い季節から咲いている花も

こぼれダネから増えたボリジは、春早くから開花。秋に植えたヒメキンセンカ‘冬知らず’は、冬からずっと咲いています。

ボリジ

ヒメキンセンカ‘冬知らず’

春のガーデン作業

一年草のタネまきや株分け、寄せ植えづくりなど
これから始まるハーブシーズンに向けてさまざまな準備をしましょう。
新しく庭をつくるにもよい季節です。

ティーハーブの寄せ植え

植えるハーブ

①ワイルドストロベリー
②ゴールデンレモンタイム
③レモンバーベナ
④レモンバーム
⑤ブラックペパーミント

ティーで活躍するハーブを
まとめて植えておくと便利です。
タイム類やミント類は、枝が伸びたら
収穫を兼ねて切り戻しを。
レモンバーベナは適宜摘芯をし
半年くらい寄せ植えを楽しんだ後、
大きめの鉢に植え替えると立派に育ちます。

用意するもの

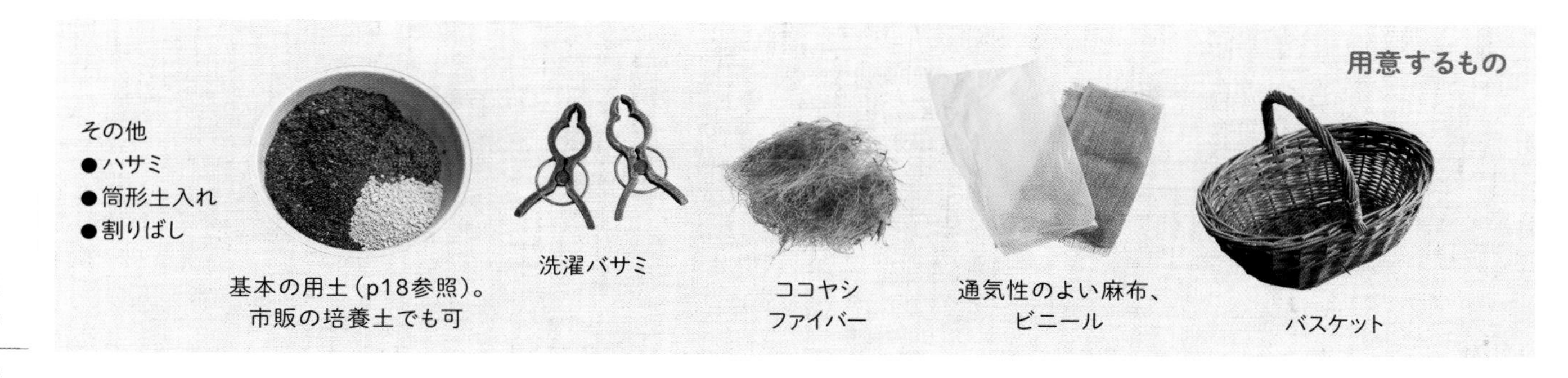

その他
- ハサミ
- 筒形土入れ
- 割りばし

基本の用土（p18参照）。市販の培養土でも可

洗濯バサミ

ココヤシファイバー

通気性のよい麻布、ビニール

バスケット

つくり方

1 バスケットに麻布を敷き、その上にビニールを敷く。

2 ハサミか割りばしでビニールに排水用の穴を多めにあける。

3 ポットごと苗を並べて、バランスを見て場所を決める。

4 植えつけ用土（基本の用土か培養土）を適量入れる。

5 ブラックペパーミントは苗が大きい場合は株分けをし、根を少し切って植える。

6 レモンバーベナは暴れている枝は根元から切る。切った枝は挿し木に使う。

7 根鉢が小さい苗は、土を足して高さを調節して植える。

8 苗の間に土を入れる。

9 割りばしで突いて隙間をなくす。

10 ビニールの端を切り、見えないように折り込む。

11 ココヤシファイバーを敷くと見映えもよく、土の乾燥も防げる。

できあがり

オリーブの寄せ植え

存在感があり、人気の高いオリーブ。単独で鉢植えにしても素敵ですが、根元にハーブなどを植えるとより魅力的に。葉色が違う、葉の小さい植物を組み合わせるのがコツです。

植える植物

オリーブの苗
（ネバディロブランコ）

①スイートウッドラフ
②フォックスリータイム
③シレネ
‘ドレッツ・バリエガータ’
（ハーブではない）

用意するもの

基本の用土（p18参照）

鉢底石

鉢（できれば素焼きのもの）

その他
- ●鉢底網
- ●筒形土入れ
- ●割りばし
- ●支柱（苗についている場合もある）

つくり方

1 鉢の底に鉢底網を敷く。

2 鉢底石を適量入れる。鉢の深さによって量を調節する。

3 用土を適量入れ、ウォータースペース分を測って土の量を調節。

4 根鉢は崩さないようにし、まわりに土を入れる。

5 まわりに植える植物は、やや外側に傾けて植える。

6 株の間に土を入れ、割りばしなどで突いて隙間をなくす。

7 中心となる幹を、支柱に留めておく。

8 枝ぶりのバランスを見て、伸びすぎた枝はカットする。

春の株分け

鉢植えにして2〜3年たった多年草は春か秋に株分けをします。株分けをすると根の密集を防ぎつつ、株を増やすことができます。庭植えの多年草も、大株になりすぎた場合は株分けしましょう。

チャイブの株分け

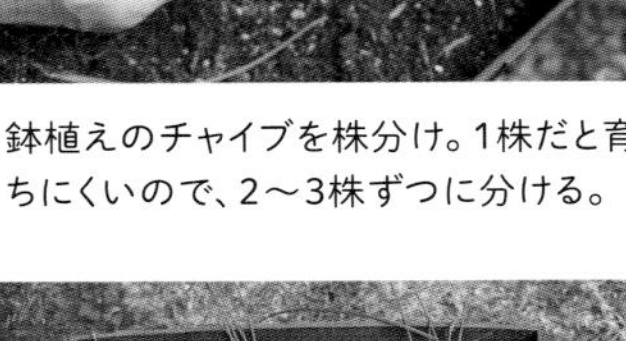

1 鉢植えのチャイブを株分け。1株だと育ちにくいので、2〜3株ずつに分ける。

2 1鉢を2〜3株ずつ株分けしたところ。土はなるべく落とさないように。

3 株間をあけて、プランターか庭に植える。

地植えでもこのくらい大株になったら、株分けをするとよい。鉢植えの場合は、鉢ぎっしりになったら株分けを。

春のタネまき

暖かくなってから発芽するハーブは、春にタネまきをします。品種によって発芽温度が違いますので、必ずタネ袋の説明書きを読んでください（タネまきの方法はp22〜24を参照）。

春まきに向くタネ

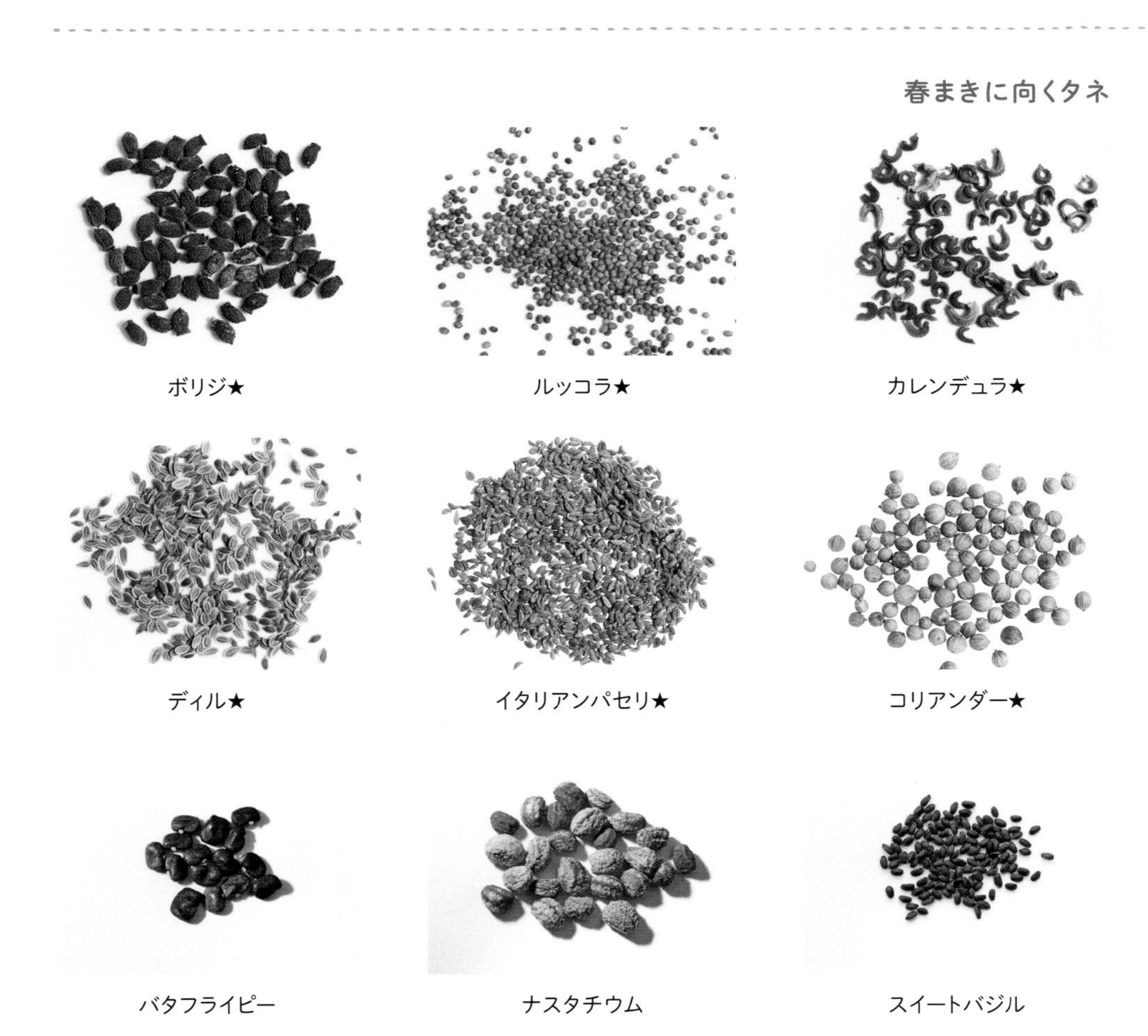

ボリジ★　ルッコラ★　カレンデュラ★

ディル★　イタリアンパセリ★　コリアンダー★

バタフライピー　ナスタチウム　スイートバジル

★印のハーブは、秋まきもできます。

春のアフターガーデニング

春に愛らしい花を咲かせるハーブを
スイーツにしたり、バスソルトにしたり。
五感を研ぎ澄まして春の恵みを全身で味わいませんか。

スイートバイオレットのクリスタライズドフラワー

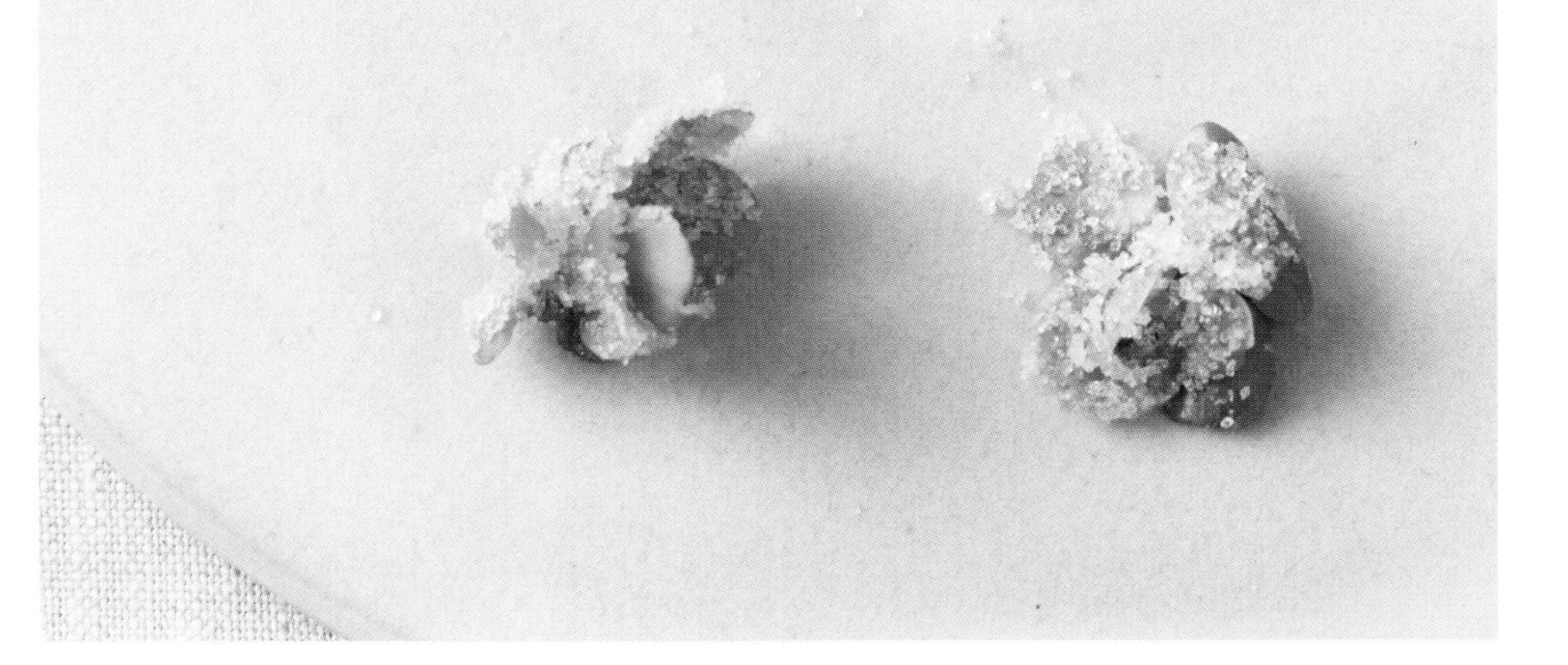

甘い香りが春の訪れを告げてくれるスイートバイオレット。グラニュー糖でまぶしてクリスタライズドフラワーにすると砂糖がキラキラ輝き、見た目もスイートなお菓子のできあがり。

つくり方

1 花の部分のみを摘み取る。

2 トレイにグラニュー糖を敷く。

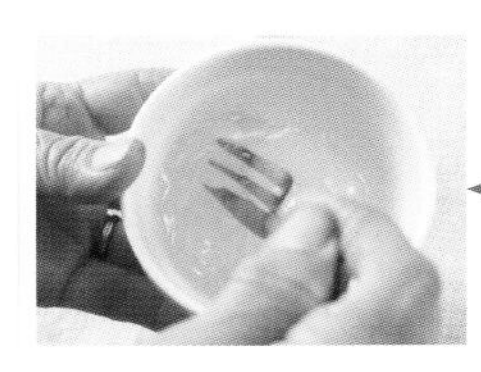

3 卵白をフォークでさっと混ぜておく。

4 花びらに筆で卵白を塗る。

5 茶こしでグラニュー糖をかけ全体にまぶす。

6 花びらの間は手を使ってまぶしてもよい。

用意するもの

①スイートバイオレット
②筆（小さな刷毛でもよい）　③卵（卵白のみ）
④グラニュー糖　⑤茶こし　⑥フォーク

春のティー

春はぜひ、摘みたてのカモミールの花を使った
フレッシュなティーを楽しみたいもの。
レモンの香りのハーブやミントなどを加えると、よりさわやかな風味に。
レッドクローバーを加えると、女性の美容と健康にも役立ちます。

つくり方

1 カップ2杯分で、このくらいの分量が目安。

2 レモンバームは軽く手で叩くと、より香りが出る。

3 材料をポットに入れて、熱湯を注ぐ。

4 3～4分置いてから、カップに注ぐ。

5 飾りにカモミールの花を散らす。

用意するハーブ

①ジャーマンカモミール
②レモンバーベナ
③レモンバーム
④ブラックペパーミント
⑤スペアミント
⑥レッドクローバー

春のハーブバスソルト

フレッシュハーブを使ったバスソルトは見た目に美しく、使うハーブによって温浴効果や美肌効果も期待できます。ヨモギには発汗作用があるので、手に入ればぜひ加えてみてください。

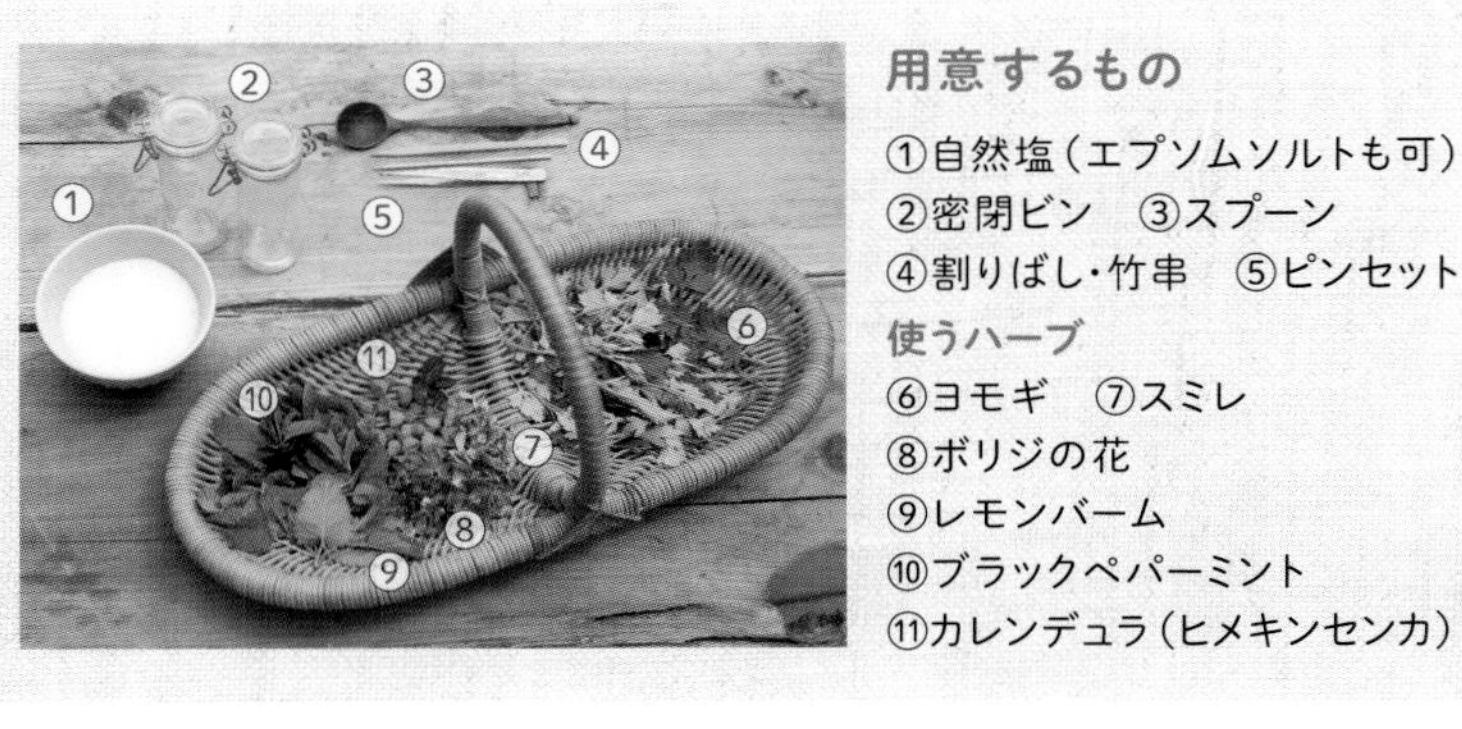

用意するもの

①自然塩（エプソムソルトも可）
②密閉ビン　③スプーン
④割りばし・竹串　⑤ピンセット

使うハーブ

⑥ヨモギ　⑦スミレ
⑧ボリジの花
⑨レモンバーム
⑩ブラックペパーミント
⑪カレンデュラ（ヒメキンセンカ）

つくり方

1 ビンの底にまずスプーンで塩を入れる。

2 ハーブを入れる際は、外から見えやすいようにピンセットで調整。

3 塩となじむよう、割りばしで軽く突く。

4 色合いを考慮し、塩とハーブで層をつくる。

5 花はピンセットで向きを整える。

6 最後に塩から飛び出たハーブは竹串で埋める。

できあがり

カレンデュラのハンドクリーム

皮膚のトラブルに有効とされている
カレンデュラは
ハンドクリームの材料にうってつけ。
手が荒れやすいガーデナーの強い味方です。
浸出油は弱った爪のトリートメントや
スキンケアオイルにも使え、
石鹸の材料にもなります。

つくり方

I 浸出油をつくる

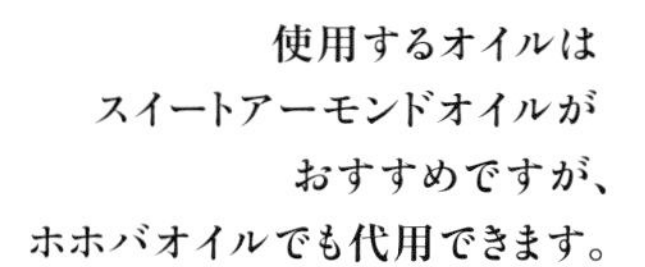

使用するオイルは
スイートアーモンドオイルが
おすすめですが、
ホホバオイルでも代用できます。

1 花びらをむしり、ビンの7〜8分目まで入れる。

2 オイルの分量は、花びらが隠れるくらい。

3 オイルを加え、竹串で花びらを沈める。

4 密閉して2〜4週間おいておく。最初の2週間は明るい場所で管理。

用意するもの

①カレンデュラの花
②密閉ビン
③竹串
④ビーカー
⑤スイートアーモンドオイル

約1ヶ月半後

Ⅱ 浸出油を濾してクリームをつくる

用意するもの

湯せん用の鍋とお湯

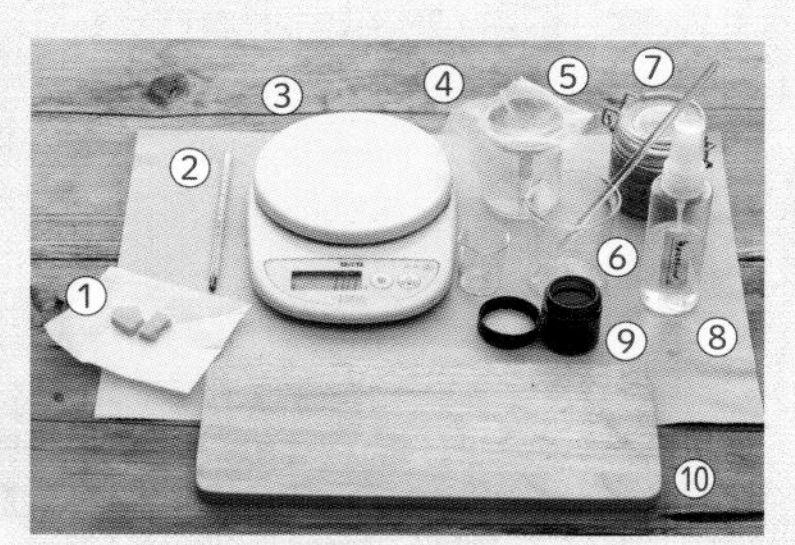

①ミツロウ　②温度計　③計量器
④じょうご　⑤ガーゼ
⑥ビーカー・ガラス棒
⑦カレンデュラの浸出油
⑧消毒用の無水エタノール
⑨遮光ビン　⑩まな板・キッチンペーパー

その他 ●ラベルとペン

香りのよいハンドクリームにしたい場合は、
ラベンダー、ローズゼラニウム、ローズマリー、
ベンゾインなどの精油を加えます。
精油は、ミツロウを溶かした浸出油をビンに移し、
30℃以下になったら、3〜5滴くらい垂らして混ぜます。

つくり方

1 無水エタノールを遮光ビンと蓋にスプレーして消毒。

2 キッチンペーパーなどで全体に無水エタノールを塗る。

3 1ヶ月半たった浸出油。ガーゼで濾して油だけを取る。

4 ビーカーに、ガーゼを敷いたじょうごをセットして濾す。

5 浸出油20gにつき、ミツロウは約3〜4gが適量。

6 ミツロウに浸出油を加える。

7 湯せんにかけミツロウを溶かす。溶け始めたら温度を測り、70℃を超えないように。

8 完全に溶けたら鍋から上げ、よく混ぜる。

9 遮光ビンに入れる。

10 しばらく混ぜると、徐々に固まってくる。

11 ビンに貼るためのラベルを書いておく。

できあがり

12 完全に固まったら蓋をする。保存は約3ヶ月間。

春から花や実を楽しめるハーブ

Herb book ［図鑑］

春から咲き始め、ガーデンを明るく彩るハーブたち。
ガーデン作業を楽しみながら、収穫しましょう。

※図鑑の見方は
p6をご覧ください。

カレンデュラのタネ

ヒメキンセンカ ‘冬知らず’

学名：*Calendula arvensis*
性質：小輪多花性で、12～5月に開花する。

カレンデュラ

学　名：*Calendula officinalis*
科　名：キク科
原産地：ヨーロッパ南部
別　名：キンセンカ（和名）
　　　　ポットマリーゴールド
性　質：半耐寒性 一年草
草　丈：20～60cm

特徴

ビタミンカラーの元気印の花。花弁をエディブルフラワーやティー、チンキなどに使います。

茎は直立性でよく枝分かれし、花は一重咲きと八重咲きがあります。食や薬用に向かない観賞用の園芸品種も多いため、タネや苗の購入時には注意しましょう。

育て方のコツ

すじまきかばらまきで、庭やプランターに直植え、またはプラグトレイなどにまいて育苗して定植します。10℃くらいの低温でよく日に当てると、引き締まった株になり花期が長くなります。厳寒地を除き秋まきをおすすめします。

開花時期に摘芯して枝数を増やし、花は随時収穫していくと長く楽しめます。

{楽しみ方}

カラフルな花弁は、生の花はもちろん、日陰で乾燥させることで色褪せも少なく、使い道が広がります。また肌の乾燥や炎症を和らげるとされ、ハンドクリーム（p40参照）などでも活躍します。

カレンデュラドレッシングとハーブサラダ

栽培カレンダー

	1月	2月	3月	4月	5月	6月	7月	8月	9月	10月	11月	12月
タネまき			━	━					━	━		
苗の植えつけ	━	━	━								━	━
開花		━	━	━	━	━						
収穫		━	━	━	━	━	花					
作業		━	━	━	摘芯							

ジャーマンカモミール

ジャーマンカモミール

学　名	*Matricaria recutita*
科　名	キク科
原産地	ヨーロッパ〜アジア
別　名	カモマイル、カミツレ（和名）
性　質	耐寒性 一年草
草　丈	40〜60㎝

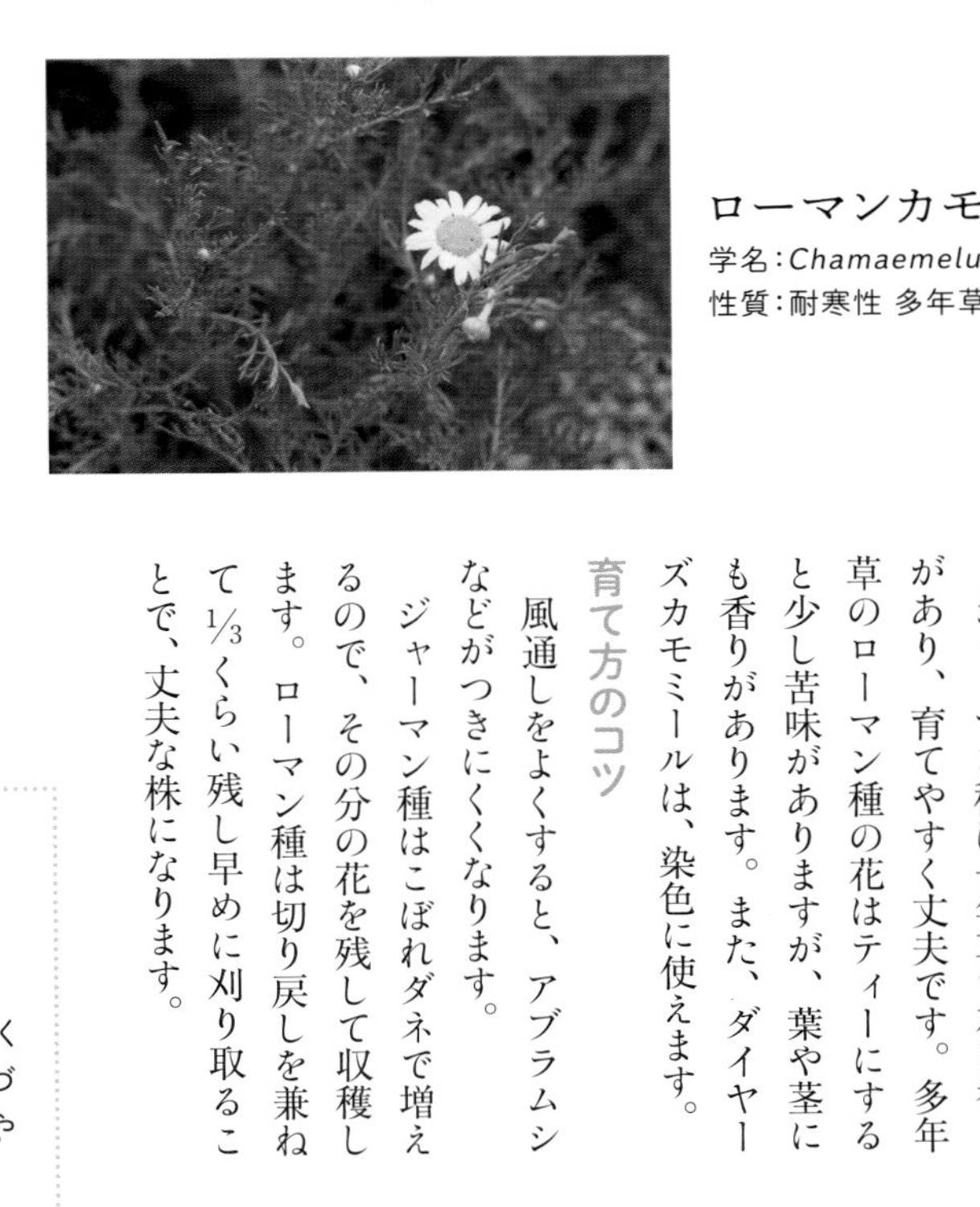

ローマンカモミール

学名：*Chamaemelum nobile*
性質：耐寒性 多年草

ダイヤーズカモミール

学名：*Anthemis tinctoria*
性質：耐寒性 多年草

特徴

フレッシュの花はリンゴのようなやさしい香り。花を摘んでティーで楽しんだり、お風呂に入れて使います。リラックス効果があり、気分が落ち着くといわれています。

ジャーマン種は一年草で花に香りがあり、育てやすく丈夫です。多年草のローマン種の花はティーにすると少し苦味がありますが、葉や茎にも香りがあります。また、ダイヤーズカモミールは、染色に使えます。

育て方のコツ

風通しをよくすると、アブラムシなどがつきにくくなります。

ジャーマン種はこぼれダネで増えるので、その分の花を残して収穫します。ローマン種は切り戻しを兼ねて1/3くらい残し早めに刈り取ることで、丈夫な株になります。

{楽しみ方}

生の花はティーで香りをいっぱいいただくのがおすすめ。乾燥保存させるとチンキづくり、ティーでも長く楽しめます。スワッグやタッジーマッジーでも活躍します。

保存用に花のみを摘んで、乾燥させる。

栽培カレンダー

	1月	2月	3月	4月	5月	6月	7月	8月	9月	10月	11月	12月
タネまき			■	■					■			
苗の植えつけ			■	■	■							
開花				■	■	■						
収穫				■	■	花						
作業（ローマン）			■	施肥			■	切り戻し			■	施肥

センテッドゼラニウム

学　名	:*Pelargonium* spp.
科　名	:フウロソウ科
原産地	:アフリカ南部
別　名	:ニオイゼラニウム（和名）
性　質	:非耐寒性 常緑低木
樹　高	:40～80cm

ヘーゼルナッツゼラニウム
学名：*Pelargonium concolor* cv.

ナツメグゼラニウム
学名：*Pelargonium fragrans*

アップルゼラニウム
学名：*Pelargonium odoratissimum*

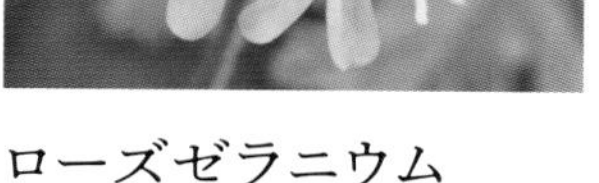

ローズゼラニウム
学名：*Pelargonium graveolens*

季節の手入れ
花後には枝のつけ根から切り落とす。

特徴

バラやミント、レモン系などさまざまな香りの品種があり、コレクションしたくなります。香りの成分を多く含む葉はティーやお菓子づくりの香りづけに重宝します。

非耐寒性低木で、よく枝分かれします。葉は羽状に切れ込み、春から夏にかけて花を咲かせます。

育て方のコツ

寒さに弱いので鉢植えで育て、霜を避けて室内に入れるなどしましょう。

株が乱れてきたら随時剪定をして、形を整えます。生育旺盛なので、剪定（切り戻し）が大事です。挿し木でも簡単に増やせます。

{楽しみ方}

多種多様な香り高い葉は、スイーツの受け皿に敷いたり、花も含めタッジーマッジーなどで楽しめます。また、抗菌作用や鎮静作用が期待できるので、チンキとしても活躍。

センテッドゼラニウムの多品種を、ハーブの葉で型押し絵付けしたオリジナル鉢で楽しむ。

栽培カレンダー

	1月	2月	3月	4月	5月	6月	7月	8月	9月	10月	11月	12月
タネまき				■	■							
苗の植えつけ			■	■	■							
開花					■	■	■	■	■			
収穫					■	■	■	■	■	■	■	花
作業				■	■	■	挿し木		■	■	挿し木	

ナスタチウム

学　名	*Tropaeolum majus*
科　名	ノウゼンハレン科
原産地	南米（コロンビア、ペルー、ボリビア）
別　名	キンレンカ（和名）
性　質	非耐寒性 一年草
草　丈	30〜60㎝

タネまきの方法

①一晩水に浸けたタネをポリポットに植える。

②発芽して、双葉になったところ。

③葉が2〜3枚出たところで定植時期。

特徴

赤や黄色の暖色系の花とハスに似た丸い葉は、サラダなどの彩りに。味もピリッとしていて、アクセントになります。

つる性でよく枝分かれし、次々花が咲きます。盛夏に一旦花が休んでも、切り戻すとまた秋に花が楽しめます。

育て方のコツ

タネが大きく発芽率もよいので、タネまきから楽しんでみましょう。タネは堅いので、一晩水に浸けてから、プラグトレイやポリポットにまくのがポイントです。また、挿し芽でも増やせます。

高温多湿に弱いので、風通しや水はけをよくします。ハダニ、ハモグリバエ、ウドンコ病に注意。

{楽しみ方}

新鮮な花や葉にはワサビに似た辛みがあり、料理の風味づけや、花でビネガーをつくるなどして使います。花が咲いていない季節も丸い葉形はガーデンのアクセントに。

オープンサンドの味と彩りのアクセントに。

栽培カレンダー

	1月	2月	3月	4月	5月	6月	7月	8月	9月	10月	11月	12月
タネまき			━	━					━	━（温室で）		
苗の植えつけ			━	━	━							
開花					━	━	━		━			
収穫					━	━	━	━	━	花・葉		
作業				挿し芽		━		━	切り戻し			

ボリジ

学　名	:*Borago officinalis*
科　名	:ムラサキ科
原産地	:地中海沿岸
別　名	:ルリジサ（和名）
性　質	:耐寒性 一年草
草　丈	:30～80㎝

育苗の仕方

タネが大きいので、2～3粒ずつポットにまく。

①双葉が出たら、勢いのよいものを1本残して間引きするか、大きめのポットに植え替える。

②本葉が4～5枚出たら定植する。

特徴

紫色で星形の花は、エディブルフラワーとして魅力的。砂糖菓子やアイスキューブなどアイデア次第で、さまざまな使い方があります。茎や葉は毛に覆われ、下向きに花が咲く姿が人気。草丈が高く存在感があり、ガーデンでも映えます。

育て方のコツ

タネが大きいのでまきやすく、直植えでも、プラグトレイやポリポットまきでも失敗が少ないです。

秋まきで株づくりをすると、冬を越えて株が大きくしっかりと育つのでおすすめします。

冷涼地などでは、春植えになりますが、間延びしないように早め（3月くらい）に定植します。一度植えれば、こぼれダネで増えていきます。移植は嫌うので気をつけてください。

{楽しみ方}

フレッシュな花をそのまま、サラダや冷たい飲み物の飾りとして。ハーブティーやスイーツでも活躍します。砂糖漬けにした花弁も、白いコーティングがキラキラ光って素敵。アイデアを生かして花色、花形を楽しみましょう。

紫の星形の花が、ボリジのアイスキューブ。

栽培カレンダー

	1月	2月	3月	4月	5月	6月	7月	8月	9月	10月	11月	12月
タネまき			■	■	■				■	■		
苗の植えつけ			■	■	■				■	■		
開花			■	■	■	■	■	■	■			
収穫			■	■	■	■	■	■	■	花・葉		
作業								枯れた株を抜く		■	■	

学　名：*Viola odorata*
科　名：スミレ科
原産地：ヨーロッパ南部・アフリカ北部・アジア北部
別　名：ニオイスミレ（和名）
性　質：耐寒性 多年草
草　丈：15～20㎝

スイートバイオレット

{楽しみ方}
かわいらしい形の花弁と香りのよさは、ティーやスイーツ、シロップなどにぴったりです。押し花の材料としても人気があります。

栽培カレンダー

	1月	2月	3月	4月	5月	6月	7月	8月	9月	10月	11月	12月
タネまき									■	■		
苗の植えつけ									■	■		
開花	■	■	■	■								■
収穫			■	■	花							
作業					■	株分け			■	■ 株分け		

特徴

春を告げる愛らしく、甘い香りの花。砂糖菓子にして、紅茶やハーブティーと共に、春の訪れを楽しむことができます。

花は株元から伸びた茎に咲き、一重や八重咲きがあります。

育て方のコツ

タネまきか、ランナーの先にできる子株で株分けをして、増やしていきます。

夏は半日陰で涼しく過ごせるような場所を好みます。八重咲き種は寒さに弱いので、冬は防寒対策をしましょう。

白い実の品種

学　名：*Fragaria vesca*
科　名：バラ科
原産地：ヨーロッパ、アジア、北米
別　名：エゾヘビイチゴ（和名）
性　質：耐寒性 多年草
草　丈：5～25㎝

ワイルドストロベリー

{楽しみ方}
実は生もおいしいですが、冷凍保存してジャムにしたり、ハーブティーや紅茶などに入れると香りがよく、長く楽しめます。葉はしっかり乾燥させてからハーブティーに。

栽培カレンダー

	1月	2月	3月	4月	5月	6月	7月	8月	9月	10月	11月	12月
タネまき			■	■					■	■		
苗の植えつけ			■	■	■				■	■		
開花			■	■	■	■			■	■	■	
収穫				■	■	■	■		■	■	■	
作業									■	子株の株分け		

特徴

小さな白い花がかわいらしく、赤い実は甘い風味、白い実の品種は洋ナシのようなさわやかな風味があります。スイーツやドリンクに、花も葉も使うことができます。

根茎から長いランナーを伸ばし、ほぼ四季を通じて花を咲かせ、実がなります。

育て方のコツ

やや冷涼で日当たりのよい、肥沃な土地を好みます。

ランナーの先にできる子株で簡単に増やすことができます。どんどん広がる性質なので、グラウンドカバープランツとしても使えます。

初夏

ガーデンに生命力が満ち溢れハーブはぐんぐん育っていきます。
庭仕事をしながら、日々、収穫を。
一年で一番、忙しい季節です。

花や葉を愛でる

コーンフラワーやセンテッドゼラニウム、ルー、アップルミントなどを収穫し、バケツで水揚げ。使う前にしばらく飾って、目でも楽しみます。

挿し芽・挿し木のベストシーズン

梅雨前に風通しをよくするために、枝透かしや切り戻しを。切った小枝などは挿し芽や挿し木にして、苗を増やします。

5月の声を聞くと、いよいよハーブの最盛期。ミント類やレモンバームなどはどんどん茂り、ボリジやコーンフラワーなど草丈の高いハーブが花をつけ、ハーブガーデンは一気ににぎやかになります。

通気性をよくするため、収穫を兼ねて切り戻しをするのもこの時期の大事な作業。収穫したハーブ類は、料理に使ったり、ビネガーやオイル、チンキなどに加工するほか、乾燥させて保存します。

ハーブの種類によっては、切り戻した茎や枝は挿し芽や挿し木にし、増やすことができます。またタネまき後、順調に育った苗は、そろそ

たっぷり収穫

ガーデンのハーブも鉢植えも、どんどん伸びていく季節。切り戻しを兼ねて収穫し、料理やティーをはじめ、さまざまなものに利用します。

ろ定植の時期。ガーデンに植えたり寄せ植えにするなど、毎日やることがいっぱいあります。花を咲かせるハーブが増えるので、お土産やプレゼントに香りのある小さな花束〝タッジーマッジー〟をつくるのも、この季節の楽しみです。

自然とガーデンで過ごす時間が長くなりますが、初夏の日差しはけっこう強く、喉が渇きます。そこで朝のうちにホーリーバジル水をたっぷりつくっておき、冷蔵庫で保存。ガーデン作業の合間に飲んで、リフレッシュしています。

冷たいハーブ水で気分爽快

庭仕事の合間の水分補給にハーブ水を。抗酸化作用や抗ストレス作用が期待できるホーリーバジルを、しばらく水に浸けて冷やしておきます。

初夏のガーデン作業

**気温が上がると、ハーブの成長が早くなります。
収穫を兼ねて切り戻し等の作業をし、
蒸れないようにしましょう。**

梅雨前の切り戻し・枝透かし

ここに紹介したハーブはすべて、高温多湿が苦手です。梅雨に入る前に、蒸れないように切り戻しや枝透かしをし、通気をよくしましょう。
また、花が咲くと葉が堅くなったり生育が止まるハーブもあるので、花もなるべくカットします。

タイム

タイム類は株元の通気が悪いと
枯れ込んでしまいます。収穫を兼ねて
まめに切り戻しや枝透かしをしましょう。

カットした枝は、ブーケガルニやサラダのトッピングなどに利用。

before
茎が伸び、花が咲き進んでいる。

▼

after
茎が伸びているところや葉が茂っている部分をカット。

ラベンダー

茂って通気が悪くなると
下葉が枯れて灰色になります。
放置すると枯れが広がるので
なるべく風通しよく育てましょう。

before
つぼみをつけたラベンダー。根元の葉が部分的に枯れている。

◀

after
花が咲いたら、なるべく早く再度切り戻しをする。

1 弱々しい枝や枯れ込んだ枝は根元から切る。

2 地面について寝ている枝は根元を少し残して切る。

3 残った根元から、新しい芽が出る可能性がある。

イタリアンパセリ

花が咲くと葉が枯れたり、全体が堅くなるので
つぼみをつけた茎は早めに根元から切ります。

つぼみをつけ、
とうが立った状態。

つぼみをつけた茎を根元から切ると、この後、収穫できる時期が長くなる。収穫する際は、外側の葉から順次摘み取る。

ローズマリー

風通しが悪いと、下葉が茶色くなって落葉することも。
込み入った部分の枝を
整理し全体を
刈り込むようにします。

ひょろっとした枝は、根元からカットする。

途中の葉がなくなっている枝は、芽の上で切り戻す。枯れた枝もカット。

ところどころ葉が茶色くなっていたり、葉が落ちて茎だけの部分がある。

水挿しで増やす

切り戻した枝は水に挿して増やすこともできます。発根しやすいのは、ミント類、バジル類、タイム、レモンバーム、ナスタチウムなど。2週間くらいで発根するので、少し伸びたらそのままプランターや庭などに定植します。

右から水に挿して発根したレモンバジル、ホーリーバジル、スイートバジル、キューバミント、オーデコロンミント。

発根し始めたナスタチウム。

挿し芽・挿し木

挿し芽や挿し木は親株と同じ遺伝子を引き継ぐので、香りや品種にばらつきが出にくく、増やし方としておすすめです。挿し芽や挿し木が可能なハーブで、ぜひ試してみてください。

用意するもの

①用土を入れたポット
（育苗トレイを使うと便利。用土は市販の挿し木用土か、小粒の赤玉土とバーミキュライトを同量混ぜたものを使用）
②切った芽を水揚げするためのコップ
③竹串
④名札（アイスキャンディーの棒）
⑤ハサミ

挿し芽・挿し木に向くハーブ

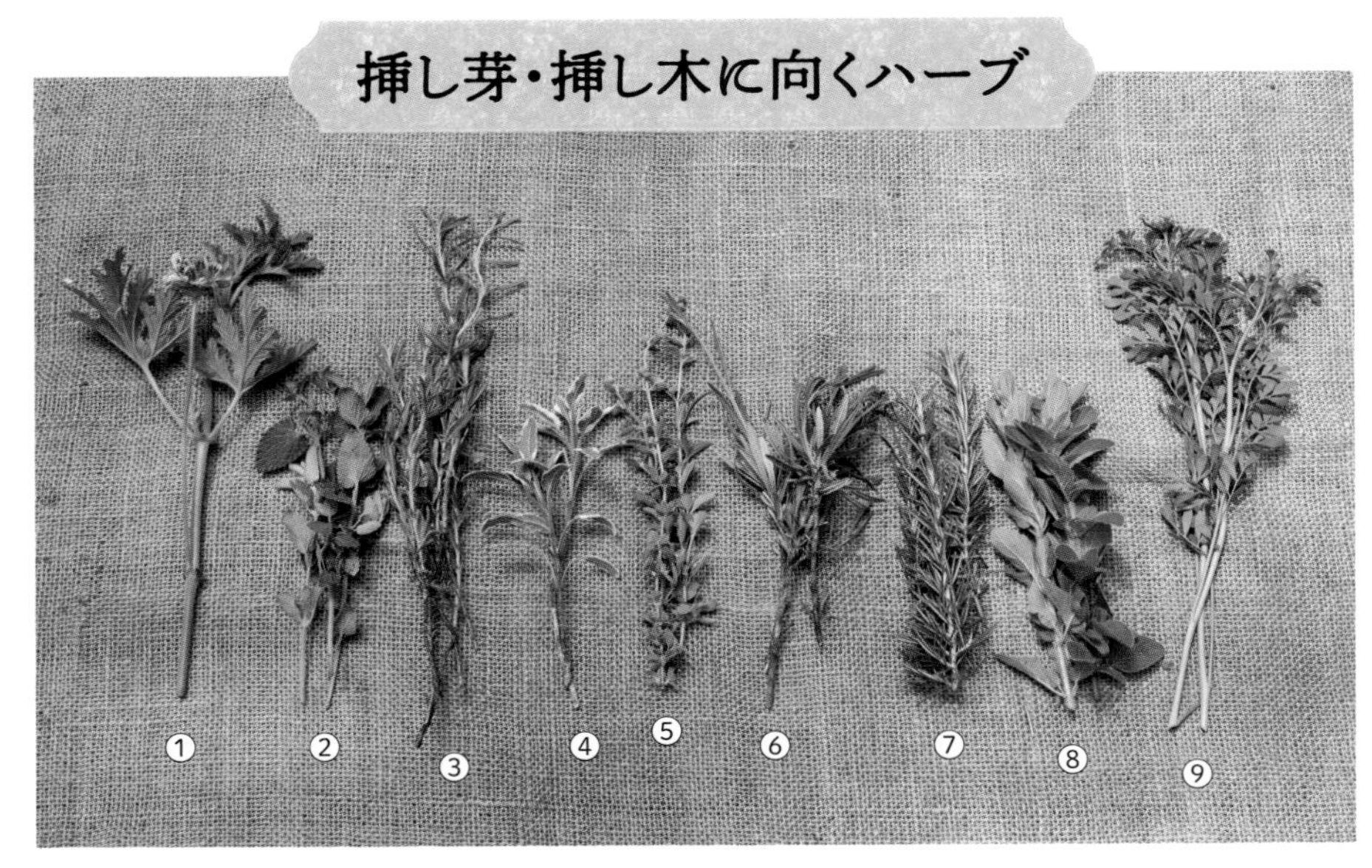

①ローズゼラニウム　②キャットミント　③ウインターセボリー　④トリカラーセージ
⑤マジョラム　⑥ラベンダー　⑦ローズマリー　⑧オレガノ　⑨ルー

ローズゼラニウム

蒸散を防ぐため、葉は1枚くらいにし、葉を半分に切るのがコツ。
他のセンテッドゼラニウムも同じ方法で挿し芽ができます。

葉は一枚残し、切り取る。芽は残すように。

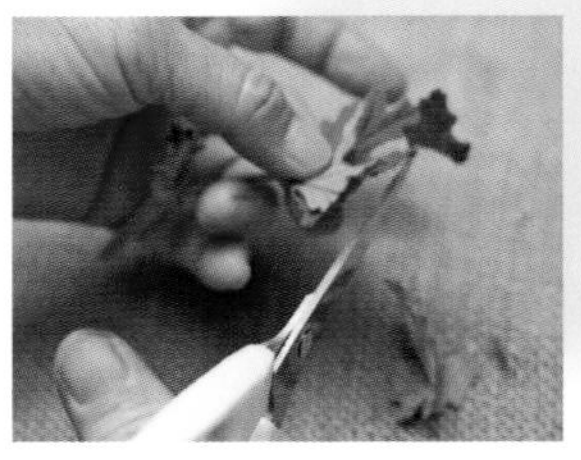

残した葉は半分くらいにカットする。

ラベンダー

挿し木は7～10㎝程度にカット。
根元の葉は落とし、葉からの蒸散を減らすため、全体に葉数を半分くらいにします。

挿し芽・挿し木に向くサイズにカット

それぞれのハーブを7〜10㎝前後にカット。
根元のほうの葉は取り除きます。

トリカラーセージ

ウインターセボリー

キャットミント

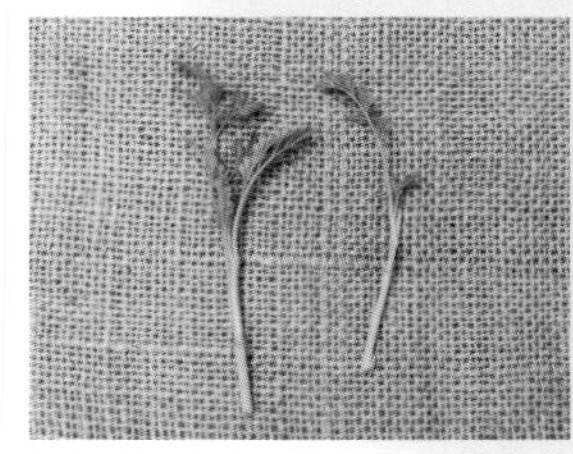
ルー

オレガノ

マジョラム

ローズマリー

挿し穂は7〜10㎝程度にカット。
葉は半分くらい落とします。

7㎝くらいの長さに切る

根元の葉は取り除き、残りの大きな葉は½くらいにカット

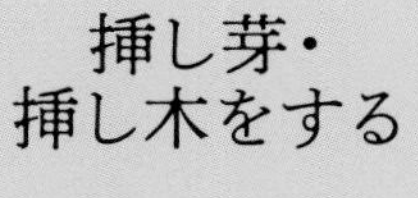

挿し芽・挿し木をする

1 育苗トレイなどに用土を入れ、湿らせてから竹串か割りばしで穴をあける。

2 挿し穂を穴に挿す。割りばしなどを添えると挿しやすい。

3 名札を立て、半日陰で管理する。

30〜40日後にポットあげ

1 育苗トレイの底を押し、苗を取り出す。

2 抜いたところ。なるべく根鉢は崩さない。

3 ポットに植え替えて育苗し、しっかり苗が育ったら定植する。

花の収穫

春から徐々に、さまざまなハーブの花が咲きます。
乾燥して保存に向く花は、
天気のよい日に天日干ししましょう。

色鮮やかなティーで活躍

ティーの材料になるコモンマロウは一日花なので、毎日摘んで干します。奥はすでに丸一日干したもので、色が青紫色になっています。完全に乾燥したら、密閉袋などで保存します。

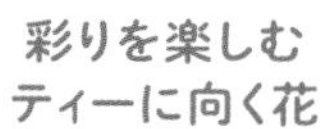

彩りを楽しむ
ティーに向く花

コーンフラワー

コモンマロウ

ジャーマンカモミールの時期もそろそろ終了

6月に入ると、そろそろジャーマンカモミールの花も終わり。こぼれダネ用に残しておく花を除いて、収穫して乾燥保存しましょう。

初夏のアフターガーデニング

**たっぷり収穫できる季節なので
料理やドリンクで楽しんだり、小さな花束づくりを。
チンキづくりもおすすめです。**

ハーブ氷

ハーブの花や葉を閉じ込めた氷は
見た目も涼やかで、初夏のおもてなしにぴったり。
冷たい水や炭酸水に入れると、
溶けるにしたがって香りがふわっと漂います。

つくり方

製氷皿から取り出したところ。

製氷皿に1種、ないしは2種の花や葉を入れて冷凍庫で凍らせる。

用意するハーブ

①レモンバーム ②ボリジ（花）
③ペパーミント ④スペアミント
⑤レモンバーベナ ⑥レモンタイム

ハーブビネガー

ハーブビネガーは、ドレッシングなどに便利。タラゴンビネガーは肉や魚のグリル、フェンネル入りのビネガーはサーモンマリネやエスカベッシュなどにも向きます。

用意するもの

①ワインビネガー
②ビネガーを入れるビン
③タラゴン
④フェンネル、タイム

つくり方

1 清潔なビンにフレッシュハーブを入れる。

2 入れにくい場合は、割りばしなどを使う。

3 ハーブが隠れるまで、ワインビネガーを注ぐ。

チャイブの花でピンクのビネガー

チャイブの花をビネガーに漬け込むと、美しい色のハーブビネガーをつくれます。ほんのりネギの香りがし、中華点心のタレにもぴったり。

ハーブオイル

トウガラシとニンニクの
風味がきいたハーブオイルは
パスタや肉料理などで活躍。
1ヶ月くらいたったら
ハーブを取り出すか
オイルを継ぎ足し、
3ヶ月くらいで
使い切るようにします。

用意するもの

①キッチンスワッグ（トウガラシ、ローズマリー、ローレル）
②オイルを入れるビン
③エクストラバージンオリーブオイル
④ニンニク1片
⑤フレッシュのローズマリー1本とタイム2本
⑥コリアンダーシード適量
⑦ブラックペッパーとホワイトペッパー適量
⑧キッチンスワッグより、トウガラシ2〜3本、ローレル1枚

つくり方

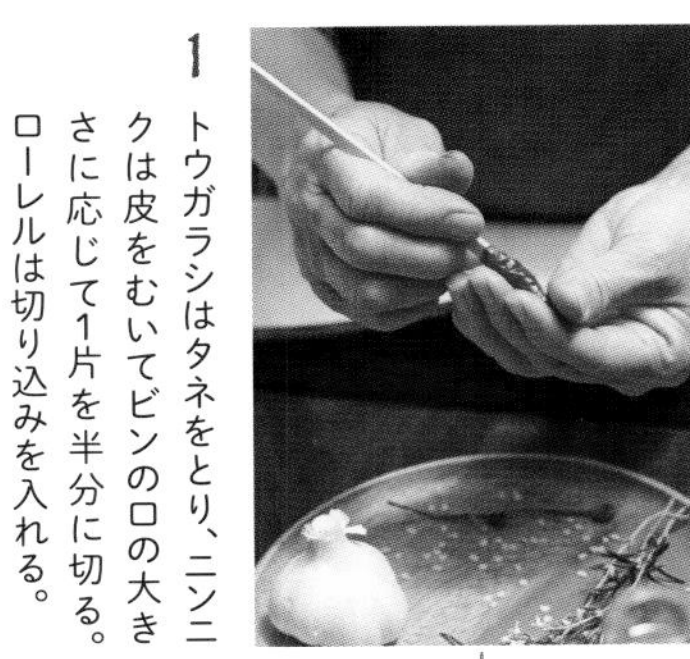

1 トウガラシはタネをとり、ニンニクは皮をむいてビンの口の大きさに応じて1片を半分に切る。ローレルは切り込みを入れる。

2 材料をビンに入れ、ハーブが隠れるまでオリーブオイルを入れる。トウガラシは浮いてくるので、ローズマリーで留める。

便利なキッチンスワッグ

トウガラシ、ローズマリー、ローレルを小さな束にして乾燥させたキッチンスワッグは、煮込み料理などに便利。トウガラシの赤がきいて、キッチンのアクセントにも。ガラス玉やビーズの装飾小物を一緒にぶら下げるとよりかわいくなります。

ハーブバター、ハーブチーズ

フレッシュハーブをたっぷり練り込んだバターは、
ふかしたジャガイモやオープンサンドにぴったり。
ハーブチーズはカナッペでワインと共に楽しむのがおすすめです。

ハーブチーズ

好みでブラックペッパー
や刻んだドライフルーツ、
ナッツを入れても美味。

用意するもの

①クリームチーズ100g
②レモン（搾り汁大さじ1）
③ローズマリー
④タイム　⑤チャイブ
⑥チャービル
⑦イタリアンパセリ

つくり方

1 ハーブ類を細かく刻む。

2 ハーブ類は大さじ1を目安。材料をよく混ぜる。

ハーブバター

好みでニンニクの
すりおろしを入れると、
パンチのある風味に。

用意するもの

①バター100g
②スイートバジル（刻んだものを大さじ1程度）
③塩少々（無塩バターを使用する場合）
④レモン（搾り汁大さじ1）

つくり方

1 スイートバジルは細かく刻んでおく。

2 バターにレモン汁、塩、スイートバジルを加え、よく練る。

初夏〜夏のドリンク

気温が高くなると、冷たいハーブドリンクが恋しくなります。涼しげな色のものやビタミンCが補給できるものさわやかな風味のものなど、使うハーブによってバラエティに富んだドリンクを楽しんでください。

バタフライピーで夏色ドリンク

ドライのバタフライピーを水出しで、鮮やかな青色に。冷やしてカルピスの上に注ぐと、不思議な色のドリンクのできあがり。

レモンの香りのハーブで

レモンバームと、はちみつ、搾ったレモンのさわやかドリンク。汗をかいたときは、とりわけおいしく感じられます。

ビタミンCの補給を

ドライのローゼルとローズヒップ、オレンジのティーは、ビタミンCの宝庫。温かいままでも冷やしてもおいしく、色も楽しめます。

タッジーマッジー

タッジーマッジーとは、芳香を持つ小さな花束のこと。中世ヨーロッパで病気や悪魔から身を守るためつくられたことが始まりといわれています。季節の花と葉でつくる花束はプレゼントに最適。組み合わせを考えるのも、楽しいひとときです。

季節のハーブを摘む

この日摘んだのは、センテッドゼラニウム、ローズゼラニウム、デンタータラベンダー、ハナビシソウ、ルー、フェンネル、カレープラント、パイナップルミント、ストロベリーキャンドル、マジョラム、ラムズイヤー、ジャーマンカモミール、セージ、レモンバームなど。

用意するもの

①キッチンペーパー　②ラッピングペーパー
③アルミホイル　④ハサミ
⑤ラッピング用のひも（ラフィアファイバー）
その他 ●輪ゴム

つくり方

1 メインになるセンテッドゼラニウムに、ミントの葉を絡ませる。

2 バランスを見ながら、花と葉を足していく。

3 ラムズイヤーの葉で、全体を包むように。

4 茎を切り、長さを調節する。

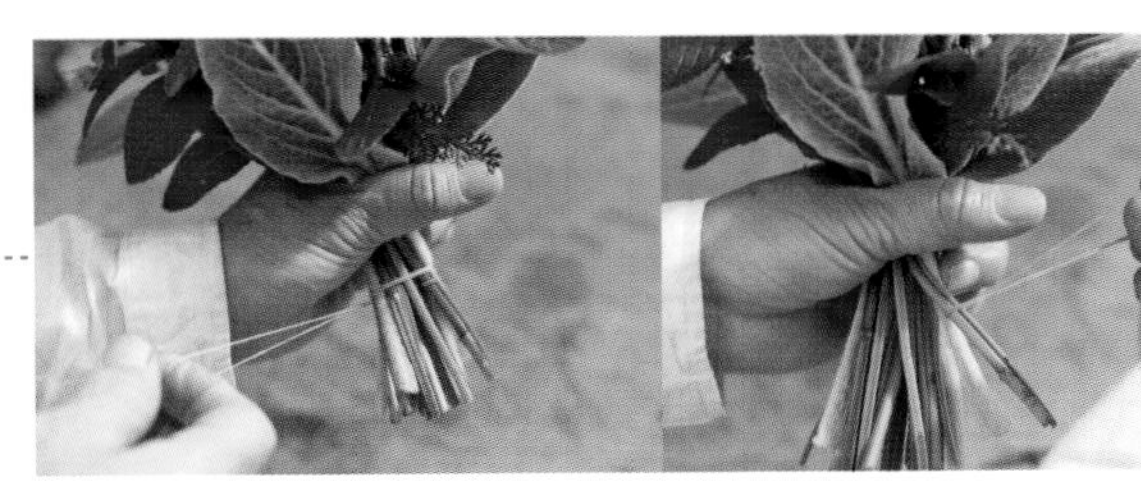

5 輪ゴムを茎にかけてからくるくる巻き、最後にまた茎にかける。

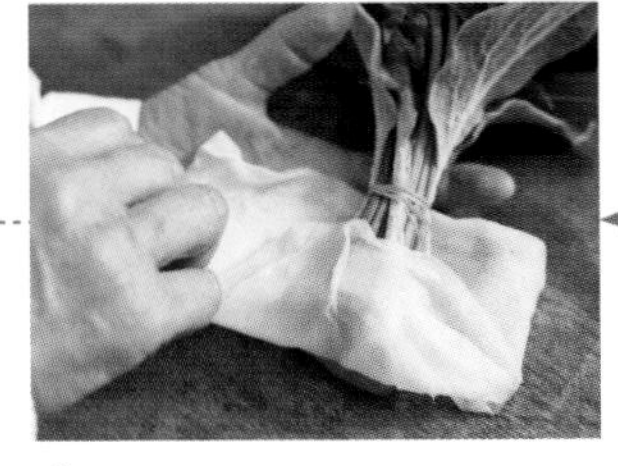

6 湿らせたキッチンペーパーで根元を包む。

7 キッチンペーパーの上からアルミホイルで包む。

8 2枚重ねたラッピングペーパーで包む。

9 ラフィアファイバーは軽くほぐしてから結ぶ。

元気が出るビタミンカラー

ジャーマンカモミール、ルーなど、イエローの花を基調に。斑入りのパイナップルミントとストロベリーキャンドルの赤がポイント。

虫除けチンキ

ハーブをアルコールに浸けて
有用成分を抽出したものが、ハーブチンキ。
水溶性の成分も油溶性の成分も抽出でき
有用成分を無駄なく利用できます。
ここでご紹介するのは
虫除け効果が期待できるチンキ。
希釈し、スプレーして利用します。

用意するもの

①ウォッカ
（アルコール度数
40度以上）
②無水エタノール
③ビン
④竹串
その他
●キッチンペーパー

用意するハーブ

①ローズマリー
②タンジー
③ドクダミ
④スペアミント
⑤キューバミント
⑥サントリナ
⑦ローズゼラニウム
⑧レモングラス

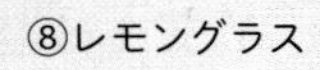

つくり方

1

ビンと蓋の内側に無水エタノールをスプレーし、キッチンペーパーなどで拭いて消毒する。

2 使用するハーブをちぎり、ビンの8分目くらいまで入れる。

3 ハーブを詰めたところ。

4 40度以上のウォッカを注ぐ。

5 ハーブがウォッカから出ないよう、竹串などで沈め蓋をする。このまま最低1ヶ月、やや明るいところで保管する。

さまざまなチンキ

化粧水やヘアケア剤の材料、紅茶に数滴落とすなど有用成分を利用したさまざまな使い方ができます。チンキどうしのブレンドも可能です。

つくりたてのチンキ

左から虫除け、ローズマリー、セントジョーンズワート、ジャーマンカモミール、ハマナスのチンキ。

浸出が進んだチンキ

数ヶ月保存し、有用成分が溶け出したチンキ。左から、虫除け、ラベンダー、ローズマリー、ローズペタル、カモミール、ヘビイチゴ。

浸出したチンキを希釈

用意するもの

①遮光ビン
②浸出したチンキ
③精製水
④スプレー容器
⑤好みのエッセンシャルオイル
⑥ビーカー、ガラス棒
⑦じょうご

※容器は煮沸などの消毒をしておく。

つくり方

1 1ヶ月以上おいたチンキを、ハーブが入らないように遮光ビンに移す。

2 使用するときは適量をビーカーに取る。

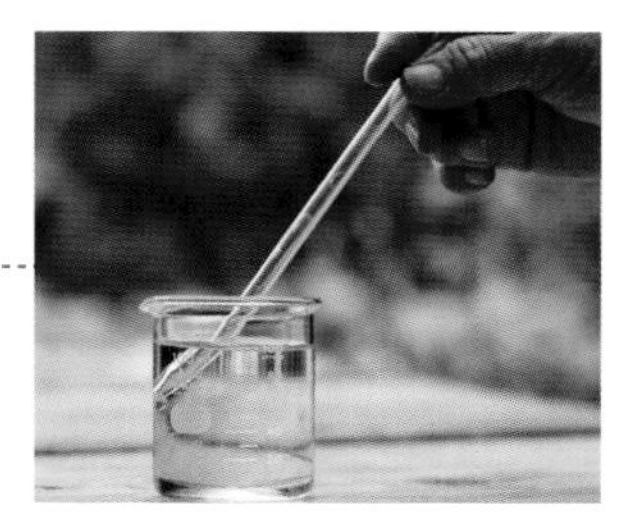

3 精製水で約10倍に希釈し、よく混ぜる。

4 スプレー容器に入れて使用する。

※遮光ビンで保存する際、好みのエッセンシャルオイルを数滴加えると、香りを楽しめます。

ガーランド

初夏になるとハーブがどんどん育ち、収穫が追いつかないほど。
小分けにしてヒモに吊り下げてガーランドにすると、
飾りながらドライハーブをつくることができます。

用意するもの

①ワイヤー　②麻ひも

用意するハーブ（それぞれ20㎝くらいにカット）

①ゴールデンオレガノ
②ロシアンセージ、ラベンダー
③タイム、マジョラム
④フレンチラベンダー、ルー
⑤ペインテッドセージ、タイム
⑥マジョラム

つくり方

1 麻ひもは釘などにひっかけて片方を固定し、三つ編みにする。

2 ハーブは、2〜3種類を小さな束にして根元をワイヤーで留める。

3 麻ひもの上に並べて、留める位置を決める。

4 ワイヤーを麻ひもに通し、しっかりと留める。

ティーで活躍するハーブ

Herb book ［図鑑］

ハーブティーにぜひ使いたいハーブを集めました。
もちろん料理やチンキなど、ティー以外の活用法もあります。

※図鑑の見方はp6をご覧ください。

ミント

学　名	*Mentha* spp.
科　名	シソ科
原産地	北半球の温帯地帯、アフリカ
別　名	ハッカ（和名）
性　質	耐寒性 多年草
草　丈	1〜60㎝

アップルミント
学名：*Mentha suaveolens*

スペアミント
学名：*Mentha spicata*

ブラックペパーミント
学名：*Mentha×piperita* cv.

パイナップルミント
学名：*Mentha suaveolens* 'Variegata'

キューバミント
（イエルバブエナ）
学名：*Mentha nemorosa*

特徴

さまざまな種類があり、清涼感のある香りで、ティーをはじめ、お菓子や料理のアクセントに活躍。

におい消し、殺菌、防腐、鎮痛などの作用があるとされ、アロマや化粧品などに利用されています。

育て方のコツ

ミントの仲間は交雑しやすいので、違う種類のものは近くに植えないようにし、花穂は早めに刈り取りましょう。

増やし方は、春か秋に株分けか挿し芽にします。水を入れたコップの中でも簡単に発根するのでそれを挿し芽にし、茎葉が立ち上がって伸びてきたら、随時切り戻しを。茎はほぼ直立で枝分かれし、地下茎は横に広がり、繁殖が旺盛です。

{楽しみ方}

フレッシュな葉を収穫できる季節は、思いっきりフレッシュで味わいましょう。フレッシュ葉でミントシロップをつくっておくのもおすすめです。また、乾燥させたり、浸出してチンキにしても重宝します。

ミントシロップとキューバミントでつくったノンアルコールモヒート。

栽培カレンダー

	1月	2月	3月	4月	5月	6月	7月	8月	9月	10月	11月	12月
タネまき			━	━					━	━（上旬〜中旬）		
苗の植えつけ			━	━	━				━	━		
開花							━	━	━			
収穫					━	━	━	━	━	━	━	
作業				━	━ 株分け				━（下旬）	━ 株分け		

バタフライピー

学　名	*Clitoria ternatea*
科　名	マメ科
原産地	東南アジア〜インド
別　名	アンチャン、チョウマメ（和名）
性　質	非耐寒性 一年草
草　丈	1〜3m

特徴

鮮やかな青花で、ドライにしても青色を保ち続けるのが特徴。一日花なので、咲いたら摘んでドライにして利用するようにします。ドライにした花は、水でもお湯でも青色がよく出るので、エキスをつくって飲料やお菓子づくりに。蝶のような生花をお菓子やティーに添えても素敵です。

育て方のコツ

タネは堅いので、一晩水に浸けたり、傷をつけてからまきます。直まきか、ポリポットやジフィーポットで育苗してから定植させます。発芽には25℃以上の温度が必要です。

つる性植物なので、行燈仕立てや、フェンスやオベリスクに絡ませて育てます。また移植を嫌うので、植え替えは慎重にしましょう。

タネまきの方法

①一晩水に浸ける。

②タネが堅いので、石などにこすりつけ傷をつけてからまく。

行燈仕立ての方法

①行燈仕立て用の鉢とトレリスを準備。

②葉が展開し、写真くらいになったら定植の目安。

③トレリスに絡みやすい位置に、ジフィーポットごと植え込む。

④行燈仕立て（定植して約2ヶ月後）。

{楽しみ方}

ドライにした花で美しい青のエキスをつくり、ジュースやアルコールで割って飲んだり、寒天やゼラチンでエキスを固めてサラダやスイーツに。華やかな青を生かして楽しんでください。

バタフライピージュレの
クリームチーズケーキ。

栽培カレンダー

	1月	2月	3月	4月	5月	6月	7月	8月	9月	10月	11月	12月
タネまき					━							
苗の植えつけ					━	━						
開花							━	━	━			
収穫							━	━	━			
作業				植え替え	━	━			タネ採り	━	━	

レモングラス

学　名：*Cymbopogon citratus*
科　名：イネ科
原産地：インド
別　名：レモンガヤ（和名）
性　質：非耐寒性 多年草
草　丈：80～120㎝

株分けの方法

①ポットから株を取り出し、根の底を崩す。

②株の側面の堅い根を、小さな熊手などで崩す。

③株の根元にハサミを入れて、小分けしていく。

④2～3本の茎ごとに分ける。

⑤分けた子株を3.5号ポットくらいに植え、葉を⅓くらい残して切る。

特徴

　姿形がカヤやススキにそっくりで、葉の切り口からはレモンのようなさわやかな香りがします。ティーのブレンドやスープなどに使います。茎の根元はふくらんでおり、やわらかい部分を刻んだり、すり潰してタイ料理などに利用します。

　針状の葉はリースのベースなどでも活躍。

育て方のコツ

　日当たりのよい場所であれば、比較的丈夫で育てやすいハーブ。冬は鉢上げして室内などの暖かいところで冬越しさせます。暖かい地方ではそのまま越冬できる場合もあります。

　増やし方は春か秋に、株分けで増やします。夏は乾燥で葉先が茶色くなりがちなので、水切れに注意しましょう。

{楽しみ方}

ティーや料理のほか、防虫や殺菌効果が期待され、クラフトやチンキなどでも活躍します。リースのベースにする場合は、あまり乾燥してしまう前にリングにしておくのがポイント。正月飾りにも利用できます。

葉の部分はティーやキッチンロープの台に、根元（冷凍可）はスープなどに使う。

栽培カレンダー

	1月	2月	3月	4月	5月	6月	7月	8月	9月	10月	11月	12月
苗の植えつけ					■	■	■					
開花				*日本での開花は気温と環境条件による。								
収穫							■	■	■	■	■	
作業		株分け	■	■	■	■			株分け	■	■	

レモンバーム

学　名：*Melissa officinalis*
科　名：シソ科
原産地：南ヨーロッパ
別　名：メリッサ
性　質：耐寒性 多年草
草　丈：30～80㎝

寄せ植えの切り戻し

①ティーハーブの寄せ植えの形が乱れてきたところ。右奥がレモンバーム

②左手で茎を持ち、⅓くらいを残し、新芽の上をハサミで切る。

③バランスを見て切り戻す。手前に切り戻した茎葉。

特徴

青々とした林の中を思わせるバルサム系の香りとレモンのさわやかな香りもします。ミツバチが集まることから、ビーバームとも呼ばれます。

香りには鎮静効果があるとされ、心身の疲労回復に役立つので、入浴剤やポプリに向いています。また春～初夏のティーにも欠かせません。

育て方のコツ

日当たりと水はけのよい環境で育て、乾燥はさせないようにします。

タネをまく際は、タネが乾かない程度に覆土するようにします。こぼれダネでも増えます。挿し芽や株分けでも簡単に増やせ、土も選ばず丈夫。生育旺盛なので、株間は充分とって植えましょう。夏にシソに似た白い花を咲かせます。花後に刈り込むと新葉がまた出てきます。

栽培カレンダー

	1月	2月	3月	4月	5月	6月	7月	8月	9月	10月	11月	12月
タネまき			■	■	■							
苗の植えつけ			■	■	■							
開花						■	■	■				
収穫				■	■	■	■	■	■	■	■	
作業		株分け・挿し芽		■	■			株分け・挿し芽		■	■	

{楽しみ方}

ドライにすると、香り成分が弱くなってしまうので、フレッシュな葉を使いましょう。刻んでドレッシングに混ぜたり、入浴剤にも利用できます（ハーブバスソルトのつくり方はp39）。ティーのブレンドでも大活躍。

生葉を叩いて香りを強くし、ミントなどと一緒に、ポットに入れているところ。

レモンバーベナ

学　名：*Aloysia citrodora*
科　名：クマツヅラ科
原産地：アルゼンチン
別　名：レモンバビーナ、香水木（和名）
性　質：半耐寒性 落葉低木
樹　高：90～120㎝

特徴

生葉のさわやかでキリッとしたレモンの香りが特徴。刻んだ葉は香り高く、ハーブティーのほか、オイルやビネガーに漬けたり、料理の風味づけにも利用します。

葉は細長く、初夏から夏に白い小さな花をつけます。

育て方のコツ

挿し木で増やします。強風に弱く枝が折れやすいので、樹高を抑えるよう冬に1/2程度強剪定しましょう。

地植えの場合は、株元にマルチングをして越冬させます。寒冷地など心配な場合は、鉢植えにして屋内で越冬させます。冬には落葉します。

{楽しみ方} 生の葉のティーは、さわやかなレモン風味。お湯に浸して手浴などにも使えます。乾燥させても香りが続くので、ポプリやサシェなどでも活躍。

栽培カレンダー

	1月	2月	3月	4月	5月	6月	7月	8月	9月	10月	11月	12月
苗の植えつけ					━	━						
開花							━	━				
収穫					━	━	━	━	━	━		
作業	━	剪定		挿し木		━	━				剪定	━

ローゼル

学　名：*Hibiscus sabdariffa*
科　名：アオイ科
原産地：アフリカ北西部
別　名：ハイビスカス
性　質：非耐寒性 一～二年草
草　丈：1.5～2m

特徴

真っ赤なハイビスカスティーの材料として知られています。ティーに利用するのは果実の萼（がく）と苞（ほう）を乾燥させたもの。成分にクエン酸や酒石酸を多く含み、さわやかな酸味が人気です。

花は中心に赤みの入ったクリーム色。原産国などでは多年草ですが、日本では一～二年草扱い。

育て方のコツ

発芽には温度が必要なため、屋内やポットでタネまきし、日当たりのよい場所で育てるのがポイント。暖地以外では鉢植えにし、冬期は室内などで管理します。

{楽しみ方} ローズヒップやスパイスと合わせてシロップに漬け込んで、赤いコーディアルにするのがおすすめ。フルーツを合わせたサングリアやホットワインで割っても楽しめます。

栽培カレンダー

	1月	2月	3月	4月	5月	6月	7月	8月	9月	10月	11月	12月
タネまき				━	━	（屋内で）						
苗の植えつけ						━	━					
開花											━	
収穫											━	━
作業										タネ採り	━	━

コーンフラワー

学　名：*Centaurea cyanus*
科　名：キク科
原産地：ヨーロッパ南東部
別　名：ヤグルマギク（和名）
性　質：耐寒性 一年草
草　丈：30〜100㎝

{楽しみ方} 観賞用のほか、生の花はエディブルフラワーとして、ゼリーやサラダの彩りに。青花はドライにしても色があせないので、ポプリなどにも向いています。

栽培カレンダー

	1月	2月	3月	4月	5月	6月	7月	8月	9月	10月	11月	12月
タネまき									━	━		
苗の植えつけ									━	━		
開花			━	━								
収穫			━	━	━	花・葉						
作業					━	摘芯						

特徴

青、白、ピンク色の花のほか、観賞用の園芸種ではえんじ色など花色は多様です。群生して咲かせるとガーデンが華やぎます。タッジーマッジーやエディブルフラワーとして活躍。

直立した枝に細長いシルバーグリーンの葉と、2〜4㎝くらいの花を頭状につけます。

育て方のコツ

秋にタネまきをして、適度に間引きながらよく日に当てて育てます。こぼれダネでもよく増えます。冷涼地では、春まきがよいでしょう。

花がらをこまめに摘みとると、長く楽しめます。

コモンマロウ

乾燥させると青紫に。

学　名：*Malva sylvestris*
科　名：アオイ科
原産地：ヨーロッパ南部
別　名：ウスベニアオイ（和名）
性　質：耐寒性 多年草
草　丈：1〜2m

{楽しみ方}

胃を保護してくれるとされるマロウティーのほか、エディブルフラワーとしてサラダの彩りなどに。また浸出液で肌のパッティングをすると、美肌効果があるといわれています。

栽培カレンダー

	1月	2月	3月	4月	5月	6月	7月	8月	9月	10月	11月	12月
タネまき			━	━								
苗の植えつけ			━	━	━							
開花					━	━	━					
収穫					━	━	━					
作業			━	━ 株の剪定、株周囲の土を耕す								

特徴

花は一日花で、咲いたら摘んで乾燥させることを繰り返します。

赤紫の花は、乾燥させると青紫に変化します。美しい青のマロウティーにレモン汁を入れると、赤紫〜ピンク色へと移り変わりが楽しめます。

育て方のコツ

初夏にたくさんの花が咲きます。こぼれダネでもよく増え、大きく育つので畑向き。コンテナで育てる場合は大型のものを選びます。移植を嫌うので、タネは直まきに。

春に株元から10〜20㎝くらいで切り戻し、株元の土を耕して、新しい根を伸ばしてあげましょう。

エルダー

学　名：*Sambucus nigra*
科　名：レンプクソウ科（スイカズラ科）
原産地：ヨーロッパ、アジア西部、アフリカ北部
別　名：セイヨウニワトコ（和名）
性　質：耐寒性 落葉低木
樹　高：2〜10m

特徴

初夏に咲くクリームホワイトの花が目を引きます。マスカットに似た香りの花は摘みとってコーディアル（花を煮て甘みを加えたもの）をつくって楽しめます。

※注意　葉は有毒なので、口にしないようにしましょう。

育て方のコツ

夏に半日陰の涼しくなる場所を好みます。根腐れしやすいので、排水に注意が必要。株元にワラや草でマルチングをして乾燥を防ぎます。

生育旺盛で大きく育つので、落葉期に剪定をして、風通しと採光をはかりましょう。

{楽しみ方}

花や果実は滋養強壮によいとされ、ヨーロッパでは古くから民間薬として利用されてきました。さわやかで香り高いコーディアルをつくり、炭酸や水、お湯割りなどで楽しみましょう。

栽培カレンダー

	1月	2月	3月	4月	5月	6月	7月	8月	9月	10月	11月	12月
苗の植えつけ			●	●								
開花				●	●							
収穫				●	●	●	花	●	●	●	果実	
作業		挿し木	挿し木				挿し木	挿し木	挿し木		剪定	剪定

おすすめのティーブレンド

ドライハーブを使ったおすすめのティーブレンドです。分量はティースプーンで量り、ティーカップ約2杯分を目安にしています。ティーポットに分量のドライハーブを入れ、熱い沸かしたてのお湯を入れて蓋をして3分ほど蒸らし、濾してお飲みください。

風邪引きのときに

体が温まり、ほっとリラックスするお茶です。ビタミンC補給も。

●ジャーマンカモミール1、レモンバーム½、ローズヒップ½、マロウひとつまみ

胃腸の不調時に

飲んだ後すっきりリフレッシュ。食欲がないときにも。

●レモングラス1、レモンバーベナ½、ペパーミント½

眠れない夜に

リラックスするカモミールとやさしいレモンバーム、ラベンダーが、心を落ち着けてくれて眠りを助けます。

●ジャーマンカモミール1、レモンバーム1、ラベンダー少々

女性の美と健康に

アイスでもホットでもおいしい、赤いきれいなティー。クエン酸とビタミンCたっぷりです。

●ローズヒップ1、ハイビスカス1、ペパーミント少々

更年期障害の症状緩和に

更年期のイライラや鬱をやわらげてくれると定評あるセントジョーンズワートと、ホットフラッシュなどに効果があるといわれるセージを飲みやすいハーブとブレンド。

●ジャーマンカモミール1、セントジョーンズワート½、ペパーミント½、セージ少々

インフルエンザ対策をサポート
免疫力アップに

免疫力アップハーブとして名高いエキナセアをブレンド。ローズヒップでビタミンCも一緒に摂れます。

●ジャーマンカモミール½、エキナセア½、エルダーフラワー½、ローズヒップ½

食べすぎが気になるときに

甘くスパイシーなフェンネルとすっきりしたペパーミントのブレンド。ダイエットしたい方におすすめ。胃もたれのときにもどうぞ。

●フェンネル½、ペパーミント½

ティーに使うドライハーブ。

キッチンで活躍するハーブ

Herb book ［図鑑］

料理に使うハーブは、自分で育てると必要な分だけ収穫できるので便利です。
日頃よく使うハーブは、プランターやカゴなどに寄せ植えにしたり
鉢植えを並べて、摘みやすい場所で管理するのがおすすめです。

※図鑑の見方はp6をご覧ください。

セージ

学　名	*Salvia* spp.
科　名	シソ科
原産地	ヨーロッパ～アジア、北米～中南米
別　名	ヤクヨウサルビア（和名）
性　質	耐寒性 常緑低木
樹　高	40～100㎝

ホワイトセージ
学名：*Salvia apiana*

コモンセージの花

コモンセージ
学名：*Salvia officinalis*

パープルセージ
学名：*Salvia officinalis* ‘Purpurascens’

トリカラーセージ
学名：*Salvia officinalis* ‘Tricolour’

特徴

肉の臭み消しになるので、ひき肉料理には欠かせません。初夏に咲く美しい青い花は、サラダやティーでも楽しめます。またトリカラーセージやゴールデンセージ、パープルセージなどは葉色が美しく、寄せ植えの脇役としても活躍します。

育て方のコツ

日当たりがよく、水はけのよい場所で育てます。梅雨時に開花した枝は早めに剪定し、込み合ったところも枝透かしして、風通しをよく育てましょう。前年枝の枝先に花芽をつけるので、花を楽しみたいなら春先は込んだ枝の枝透かしのみですませます。初夏か秋に、挿し木で増やします。

{楽しみ方}

葉はさまざまな料理やソースの香りづけにも。乾燥セージはハーブソルトにも利用できます。浸出液はうがい薬にも使え、ワインやリキュールに浸け込むと疲労回復に役立ちます。

乾燥させたホワイトセージ。アメリカ先住民は、「場を浄化する」として燃やして使ってきた。

栽培カレンダー

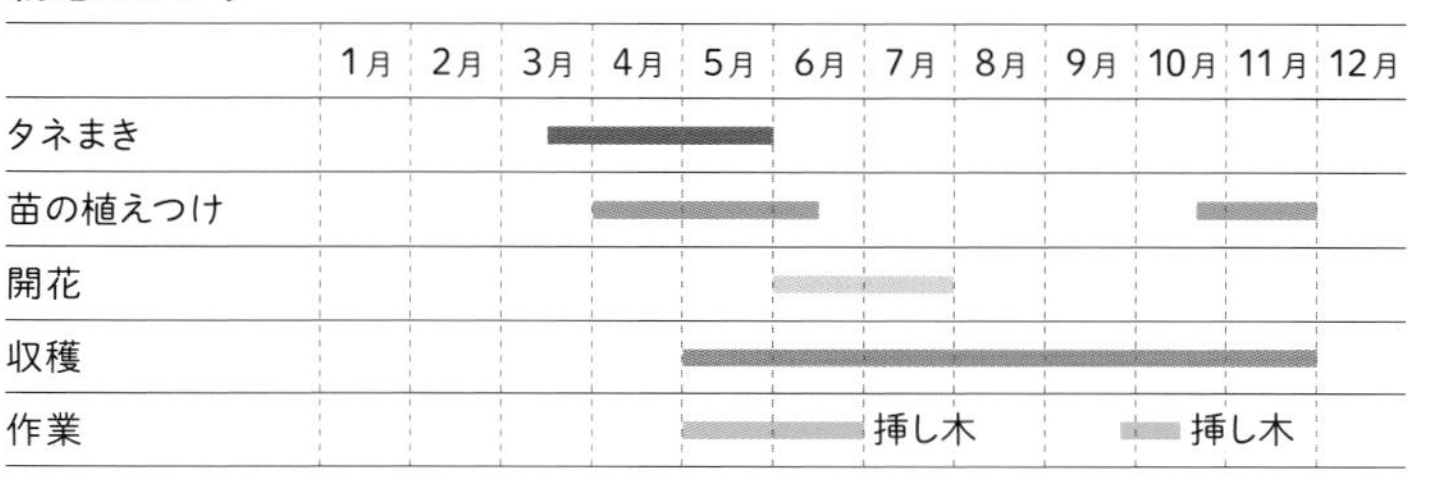

	1月	2月	3月	4月	5月	6月	7月	8月	9月	10月	11月	12月
タネまき			━	━	━							
苗の植えつけ				━	━	━				━	━	
開花						━	━					
収穫					━	━	━	━	━	━	━	
作業					━	━ 挿し木			━	━ 挿し木		

スイートバジル

スイートバジル

学　名	:*Ocimum basilicum*
科　名	:シソ科
原産地	:熱帯アジア
別　名	:メボウキ（和名）
性　質	:非耐寒性 一年草 または多年草
草　丈	:50～80㎝

ダークオパールバジル
学名:*Ocimum basilicum* 'Dark Opal'

レモンバジル
学名:*Ocimum × africanum*

ホーリーバジル
学名:*Ocimum tenuiflorum*

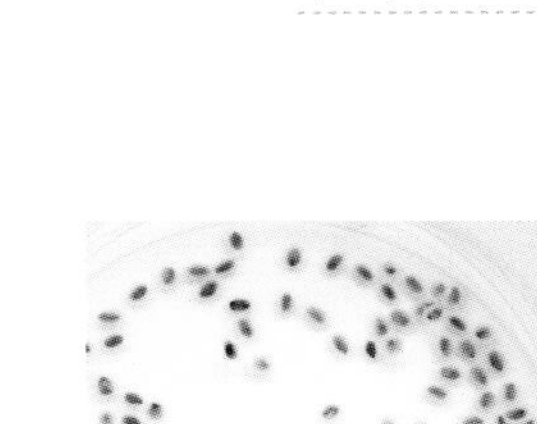

タネまきのコツ
タネは水につけてゼリー状の物質が出てからまくとよい。

特徴
イタリア料理に欠かせないハーブ。スイートバジルをはじめ、赤い葉のダークオパールバジル、レモンバジル、シナモンバジルなど香りの種類もいろいろです。ホーリーバジルの生葉は、ミネラルウォーターに入れるとさわやかなハーブ水に。乾燥させた葉は、インドでは健康茶としてよく飲まれます。

育て方のコツ
タネまきは気温が上がってから、ばらまき、すじまき、プラグトレイなどでまきます。枝数を増やして株を充実させるため、随時収穫を兼ねて摘芯します。切り取った茎は、コップに水を入れて挿しておけば4～5日で根が出ます。

花穂が出てきたら、早めに切り戻すと収穫を長く楽しめます。

{楽しみ方}
生の葉をそのまま使うだけではなく、ビネガー、オイルにも向きます。オリーブオイル、松の実、ニンニクとスイートバジルの葉をブレンダーにかけてつくるジェノベーゼソースは、パスタや料理に活躍。

フレッシュのスイートバジルとオリーブオイルでつくるバジルペースト。

栽培カレンダー

	1月	2月	3月	4月	5月	6月	7月	8月	9月	10月	11月	12月
タネまき				━	━							
苗の植えつけ					━							
開花							━	━	━	━		
収穫						━	━	━	━	━		
作業						━	━	━	━	━	剪定	

立ち性の品種

ローズマリー

学　名：*Rosmarinus officinalis*
科　名：シソ科
原産地：地中海沿岸
別　名：マンネンロウ（和名）
性　質：耐寒性 常緑低木
樹　高：30～180cm

匍匐性の品種を下垂させて育てている。

匍匐性の品種

増やし方

プラグトレイで挿し木しているところ。4週間ほどで鉢などに移植する。

特徴

殺菌作用があり、肉や魚の臭み消しになります。樹脂が多く、すっきりとした香りは記憶力と集中力をサポートし、細胞活性作用があるとされ、〝若返りのハーブ〟といわれています。常緑で比較的どんな土地でも育てやすく、植えておきたいハーブのひとつ。立ち性、半匍匐、匍匐性と大きく3種類の性質があるので、植える場所によって品種を選びましょう。

育て方のコツ

挿し木で簡単に増えます。挿し木は親木の性質を受け継ぐので、品質管理のためにもおすすめ。水はけと日当たりのよい場所に植えます。梅雨時や夏に弱りやすいので、密生した部分は間をすくように刈り込んであげるとよいでしょう。また伸びすぎた枝も切り詰めます。

{楽しみ方}

ジャガイモや肉、魚などの料理や、ホットワインなどの飲み物、スコーンなどで活用。血行促進効果を利用して、お風呂や手浴、足浴、チンキづくりなどにも利用できます。

ローズマリーチンキはシャンプーや軟膏の材料になる。

栽培カレンダー

	1月	2月	3月	4月	5月	6月	7月	8月	9月	10月	11月	12月
タネまき			━	━	━							
苗の植えつけ			━	━	━				━	━	━	
開花	━	━	━	━	━	━			━	━	━	━
収穫	━	━	━	━	━	━	━	━	━	━	━	━
作業					━	━ 挿し木			━	━	挿し木	

チャイブ

学　名：*Allium schoenoprasum*
科　名：ユリ科
原産地：アジア、ヨーロッパ
別　名：エゾネギ（和名）
性　質：耐寒性 多年草
草　丈：30 ～40㎝

特徴

ネギ属特有のにおいは硫化アリルによるもので、消化促進、食欲増進の役目もあります。葉は刻んでドレッシングに利用したり、味噌汁やスープの薬味に。ピンクの花は、ばらしてサラダやお寿司などに散らすと彩りになります。

育て方のコツ

秋に株分けすると、簡単に増やすことができます。保水性のある肥沃な土地を好むので、植える土には堆肥や腐葉土などを鋤き込みます。日当たりのよい場所で管理しましょう。タネから育てる場合はプランターなどですじまきに。

{楽しみ方} ピンク色のネギ坊主みたいな花をお酢につけると、鮮やかな色のチャイブビネガーになります（ハーブビネガーのつくり方はp56）。

栽培カレンダー

	1月	2月	3月	4月	5月	6月	7月	8月	9月	10月	11月	12月
タネまき			■	■					■	■		
苗の植えつけ			■	■	■	■			■	■		
開花					■	■	2年目～					
収穫				■	■	■	■	■	■	■	■	
作業			■	■ 株分け（充分育ったもの）					■	■	株分け	

ルッコラの花

ルッコラ

学　名：*Eruca vesicaria*
科　名：アブラナ科
原産地：地中海沿岸
別　名：エルーカ、ロケット
性　質：半耐寒性 一年草
草　丈：30～100㎝

特徴

全草がゴマのような味で、ぴりっと苦く辛い味はアクセントになり、食欲をそそります。花もゴマ風味がして、サラダに散らしたり、料理のトッピングに使えます。

育て方のコツ

真夏と真冬を除き、時期をずらしながらタネをまけば、通年収穫できます。直まきにし、間引きしながら育てて食べるのがおすすめ。花茎がとう立ちしてきたら早めに切り取ると、葉の収穫時期が長くなります。

強い日差しを浴びるほど、苦みが増し、葉も堅くなります。遮光し、湿気の多い涼しい場所で育てます。

{楽しみ方} 葉は生で食べるだけではなく、炒めたりスープにも。たくさん採れたらペーストにして保存もできます。

栽培カレンダー

	1月	2月	3月	4月	5月	6月	7月	8月	9月	10月	11月	12月
タネまき			■	■	■	■	■		■	■	■	
苗の植えつけ			■	■	■	■	■			■	■	
開花				■	■							
収穫				■	■	■			■	■	■	
作業				■	■	花茎のカット						

コモンタイム 学名：*Thymus vulgaris*

タイム

学　名	*Thymus* spp.
科　名	シソ科
原産地	地中海沿岸
別　名	タチジャコウソウ（和名）
性　質	耐寒性 低木
樹　高	5〜30㎝

根伏せの方法

①伸びている枝を選ぶ。

②Uピンで枝を留める。3〜4週間ほどで根が出るので、根が出たら枝を切り、新しい株として育てる。

レモンタイム
学名：*Thymus×citriodorus*

クリーピングタイム
学名：*Thymus serpyllum*

｛楽しみ方｝

ピリッと引き締まる香りを生かして、ハーブマヨネーズやバター、チーズ、オイルやソルト、ブーケガルニなどの調味料や肉や魚などの料理の臭み消しに。

特徴

立ち性のコモンタイムのほかに、匍匐するクリーピングタイムや、斑入りのもの、レモンやオレンジなど柑橘系の香りのものなど多品種あります。ティーや料理はもちろん、殺菌力を生かして浸出液をうがい薬にするなど、用途が広いハーブです。

育て方のコツ

増やすには挿し木や根伏せが簡単。高温多湿が苦手で、枝葉が込み合った部分は蒸れて茶色く枯れやすいので、適宜枝透かしをし、梅雨前には切り戻しをします。花が咲き揃ったら、早めに切り戻しをするように。

栽培カレンダー

	1月	2月	3月	4月	5月	6月	7月	8月	9月	10月	11月	12月
タネまき			━	━	━							
苗の植えつけ			━	━	━	━			━	━	━	
開花					━	━	━					
収穫					━	━	━	━	━	━	━	
作業（株分け）				━								
作業（挿し木）						━						
作業（根伏せ）					━	━	━		━	━		

タコ糸などで根元をしっかりと結ぶ。

ハーブ類を束ね、根元にローレルを添える。

材料 ①スープセロリ
②コモンタイム
③イタリアンパセリ
④乾燥させたローレル
⑤タコ糸

｛ブーケガルニのつくり方｝

ブーケガルニとは、煮込み料理やスープに使うハーブを小さなブーケのようにしたもの。左の基本的なハーブのほか、肉料理ならセージやローズマリー、魚料理ならフェンネルやディルなどを足して使うのもおすすめです。

スープセロリ

学　名：*Apium graveolens var.secalinum*
科　名：セリ科
原産地：ヨーロッパ
別　名：オランダミツバ・チャイニーズセロリ（芹菜）
性　質：耐寒性 一～二年草
草　丈：30～40㎝

特徴

一般的なセロリより、茎が強直になりにくく、使いやすいセロリ。香りが高く、茎や葉をスープやサラダに使います。中国では芹菜といい、牛肉などと炒めて食べます。

育て方のコツ

他のセリ科の植物と同じで移植を好みません。タネから育てる場合はプランターや地植えで、ばらまき、すじまきにして、間引きながら育てて収穫します。
直射日光が当たりすぎると、剛堅になり、葉も堅くなります。なるべく半日陰の涼しいところで育てましょう。

{楽しみ方} 香りを生かして、ブーケガルニ（p76参照）やハーブチーズなどに加えます。

栽培カレンダー

	1月	2月	3月	4月	5月	6月	7月	8月	9月	10月	11月	12月
タネまき			━	━	━	━			━	━		
苗の植えつけ			━	━	━				━	━	━	
開花					━	━	━					
収穫					━	━	━				━	━
作業					━	━	━	花芽を摘み取る				

イタリアンパセリ

学　名：*Petroselinum crispum var.neapolitanum*
科　名：セリ科
原産地：ヨーロッパ（地中海沿岸）
別　名：フラットリーフパセリ
性　質：半耐寒性 一～二年草
草　丈：15～30㎝

特徴

縮れているモスカール種よりも香りがマイルドです。イタリア料理をはじめ、いろいろな料理の薬味や、香りづけに重宝します。胃もたれなどにもよいので、こってりした料理に少量使うのがポイントです。

育て方のコツ

移植が嫌いなので、タネをプランターや地植えにし、間引きながら育てます。タネは発芽するまでは、湿らせた新聞紙などをかぶせておきます。木漏れ日のような半日陰で育てるのがコツ。収穫は外葉から採っていくようにし、常に葉は10枚くらい残しておきます。

{楽しみ方} ブーケガルニや、刻んでハーブチーズ（p58参照）などに入れるほか、葉形が繊細で美しいので料理のトッピングにも重宝します。

栽培カレンダー

	1月	2月	3月	4月	5月	6月	7月	8月	9月	10月	11月	12月
タネまき			━	━					━	━		
苗の植えつけ			━	━	━					━	━	
開花					━	━	━	━				
収穫	━	━	━	━	━	━	━	━	━	━	━	━
作業					━	━	━	花芽を摘み取る				

ディル

学　名：*Anethum graveolens*
科　名：セリ科
原産地：ヨーロッパ南部～アジア西部
別　名：イノンド（和名）
性　質：半耐寒性　一年草
草　丈：60～100㎝

特徴

さわやかな香りのフレッシュな葉やタネは、ピクルスやマリネ、ハーブビネガーに向きます。ヨーグルトやマヨネーズ、サワークリームなどの酸味のあるものと相性がよく、魚やじゃがいも料理にも合います。

育て方のコツ

関東では春まき、関西以西では秋まきがおすすめ。日当たりと水はけのよい場所で管理し、間引いて育てます。密植すると軟弱な株になるので、株間をとるように。背が伸びてきたら根元に土寄せしたり支柱を立て、倒れにくくしましょう。夏の暑さに弱く、水切れに注意が必要です。

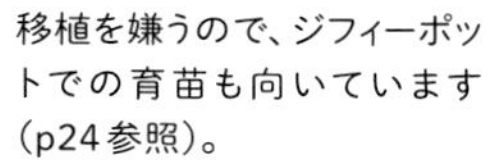
移植を嫌うので、ジフィーポットでの育苗も向いています（p24参照）。

{楽しみ方}
タネはスパイスティーにも使えます。

栽培カレンダー

	1月	2月	3月	4月	5月	6月	7月	8月	9月	10月	11月	12月
タネまき		■	■						■			
苗の植えつけ			■	■								
開花					■	■	■					
収穫			葉 ■	■	■	■	■	タネ				
作業								■	■	抜く作業		

フェンネル

学　名：*Foeniculum vulgare*
科　名：セリ科
原産地：地中海沿岸
別　名：ウイキョウ（和名）
性　質：耐寒性 多年草
草　丈：1～2m

フェンネルの花

未熟なタネ

特徴

ディルと姿、形が似ていますが、香りはフェンネルのほうが甘くスパイシー。比較的どんな土地でも育てやすく、土が気に入ればこぼれダネでもどんどん増えます。茶色がかった葉のブロンズフェンネルは、ガーデンのアクセントにもなります。

育て方のコツ

プランターや地植えで直まきするか、ジフィーポットなどで育苗します。密植しないように間引きながら育て、乾燥しないように水やりに注意。花が咲いたら早めに刈り取ると、葉の収穫時期が長くなるので、切り花や料理の飾りで楽しんでください。

{楽しみ方}
花や葉はマリネやピクルス、魚料理などに欠かせません。ビネガーの材料にもおすすめ。フェンネルシードはパンやクッキーなどに使います。

栽培カレンダー

	1月	2月	3月	4月	5月	6月	7月	8月	9月	10月	11月	12月
タネまき			■	■	■							
苗の植えつけ			■	■	■							
開花						■	■	■	■			
収穫			葉	■	■	■	■	■（タネ）	■（タネ）	■	■	
作業			株分け	■	■				剪定	■	■	

チャービル

学　名：*Anthriscus cerefolium*
科　名：セリ科
原産地：ヨーロッパ東部～アジア西部
別　名：セルフィーユ
性　質：半耐寒性 一年草
草　丈：30～60cm

特徴

甘くさわやかな葉の香りを生かして、刻んでバターやチーズ、マヨネーズ、ドレッシングなどに使います。若葉色で繊細な葉形を生かし、料理やスイーツのトッピングにもおすすめ。卵料理とも相性がよいハーブです。

育て方のコツ

タネは春まき、秋まきで、すじまきかバラまきにします。発芽率がよくないので、多めにまきましょう。秋まきの場合は早めにまくか、室内で管理すると、初冬から収穫を楽しめます。半日陰で育てたほうが、やわらかく、香り高い葉が収穫できます。

{楽しみ方} チャイブ、イタリアンパセリと共に、フィーヌゼルブというフレッシュミックスハーブには欠かせないハーブで、繊細な味がプラスされます。

栽培カレンダー

	1月	2月	3月	4月	5月	6月	7月	8月	9月	10月	11月	12月
タネまき			━	━					━	━		
苗の植えつけ			━	━	━					━		
開花						━	━					
収穫			━	━	━	━						
作業						━	━	花芽を摘み取る				

未熟なタネ

コリアンダー

学　名：*Coriandrum sativum*
科　名：セリ科
原産地：地中海沿岸・西アジア
別　名：パクチー、香菜（シャンツァイ）
性　質：半耐寒性 一年草
草　丈：60～90cm

特徴

独特な葉の香りには、くせになる魅力があります。ショウガやニンニク、レモン、トウガラシなどとも相性がよく、中南米、中近東、インド、アジア諸国の料理には欠かせないハーブ。葉をペーストにしたものは、餃子のタレなどで使えます。根も刻んでカレーや炒め物などの香りづけに。

育て方のコツ

春と秋に、プランターや地植えで、直まきして間引きながら育てます。秋まきのほうが株がしっかりします。

夏は気温の上昇で葉が羽状化したり、とう立ちが早くなるので、半日陰の涼しいところで育てましょう。

{楽しみ方} 未熟なタネは柑橘香とコリアンダーの香りが混ざり、ドレッシング、サラダやお豆腐などのトッピングに。熟したタネはマリネやピクルスなどに利用するほか、弱火で煮出してティーとしても楽しめます。

栽培カレンダー

	1月	2月	3月	4月	5月	6月	7月	8月	9月	10月	11月	12月
タネまき			━	━					━	━	━	
苗の植えつけ			━						━			
開花						━	━					
収穫				━	━	━	(タネは7～9月)					
作業								━	━	株抜き		

斑入り品種

ゴールデンオレガノ

オレガノ

学　名：*Origanum* spp.
科　名：シソ科
原産地：ヨーロッパ〜アジア東部
別　名：ワイルドマジョラム、ハナハッカ（和名）
性　質：耐寒性 多年草
草　丈：30〜90cm

特徴

花が咲いている時期が長く、姿もかわいいので、花壇で群生させると見映えがします。花が咲いている時期は、葉の香りも高くなります。

黄金葉や斑入り品種もあるので、カラーリーフとして、花壇や寄せ植えで重宝します。

育て方のコツ

比較的、どんな土質でも丈夫に育ちます。広がりやすいので、花後に適宜切り戻しをしましょう。タネから育てると香りにばらつきが出やすいので、挿し芽や株分けで増やすとよいでしょう。

{楽しみ方}

花の時期に収穫して乾燥させて、イタリア料理やメキシコ料理の味のアクセントに。ハーブバスソルト（p39参照）にも向きます。

栽培カレンダー

	1月	2月	3月	4月	5月	6月	7月	8月	9月	10月	11月	12月
タネまき			■	■					■			
苗の植えつけ				■	■				■	■		
開花						■	■	■	■			
収穫						■	■	■	■			
作業		株分け	■	■	■ 挿し芽	剪定	■	■	■ 挿し芽		■ 剪定	

7〜8cmくらいのサイズに切って挿し芽をする。

マジョラム

学　名：*Origanum majorana*
科　名：シソ科
原産地：地中海東部沿岸
別　名：スイートマジョラム、マヨナラ（和名）
性　質：耐寒性 多年草
草　丈：20〜40cm

特徴

甘くてスパイシーな香りが特徴で、生葉や乾燥葉を、魚料理や卵料理などに使います。先端につく円錐花序はまるくかわいいので、ドライフラワーでも活躍します。

育て方のコツ

タネは早春に暖かい室内か、9月にトレイや箱にすじまきして、苗を育てます。苗の植えつけは春の早いうちか、秋のはじめにしましょう。挿し芽でも簡単に増やせます。花が咲いてきたら早めに花のついた枝を剪定すると、葉を長く収穫できます。

{楽しみ方}

生葉はみじん切りにしてクリームチーズ（p58参照）やドレッシングなどに混ぜる。乾燥させた葉は、ハーブバスソルト（p39参照）に。

栽培カレンダー

	1月	2月	3月	4月	5月	6月	7月	8月	9月	10月	11月	12月
タネまき			■	■					■			
苗の植えつけ				■	■				■			
開花							■	■				
収穫					■	■	■	■	■	■		
作業					■	挿し芽			■	■	挿し芽	

ロシアンタラゴン

フレンチタラゴン

タラゴン

学　名：*Artemisia dracunculus*
科　名：キク科
原産地：中央アジア～シベリア、北米
別　名：エストラゴン
性　質：耐寒性 多年草
草　丈：40～120cm

特徴

繊細なアニスのような香りがする、フランス料理には欠かせないハーブ。香りがよいのはフレンチタラゴン。ロシアンタラゴンは旺盛に育ちますが、やや風味が劣ります。花が咲くのはロシアンタラゴン。

育て方のコツ

冷涼地向きのハーブ。高温多湿が苦手なので、夏は遮光するか、涼しい半日陰に移動できるプランターで育てます。

夏の暑さで親株が弱る前に切り戻して挿し芽をつくり、新しい株を更新させるように。タネができないので、繁殖は株分けや挿し芽で。

{楽しみ方} 乾燥させると風味が落ちるので、生葉をビネガーに漬け込んで料理に利用するのがおすすめ。ほかにもオイルに浸けたり、刻んで冷凍保存もできます。

栽培カレンダー

	1月	2月	3月	4月	5月	6月	7月	8月	9月	10月	11月	12月
苗の植えつけ			●	●	●				●	●		
開花						●	●	（ロシアンタラゴン）				
収穫					●	●	●	●	●	●		
作業		挿し芽		●	●				●	株分け		

ウインターセボリー

学　名：*Satureja montana*
科　名：シソ科
原産地：地中海沿岸～ヨーロッパ中部
別　名：キダチハッカ（和名）
性　質：耐寒性 常緑低木
樹　高：30～100cm

特徴

乾燥させた葉は香り高く、料理や調味料に使えます。とくに豆料理やトマト料理とは相性が抜群。初夏に咲く小さな白い花も魅力的です。同じ仲間のサマーセボリーは一年草。

育て方のコツ

タネはすじまきやプラグトレイで暖地では秋まき、冷涼地では春まきに。高温多湿に弱いので、庭植えの場合は高畝にして植えつけるのがコツ。鉢植えの場合は赤玉土を多めに配合するなど、水はけをよくします。

初夏に花が咲いたら、収穫を兼ねて、株元から半分を残して剪定します。

{楽しみ方} 乾燥させた葉はタイムやオレガノ、マジョラムなどとミックスして、"エルブ・ド・プロヴァンス"に。ピリッとした風味が楽しめます。ティーにも利用できます。

栽培カレンダー

	1月	2月	3月	4月	5月	6月	7月	8月	9月	10月	11月	12月
タネまき			●	●	●				●	●		
苗の植えつけ					●	●						
開花						●	●	●				
収穫					●	●	●	●	●	●		
作業				●	●	挿し木			●	●	挿し木	

夏

夏はハーブの最盛期。
風通しを確保するためにも、まめに収穫を。
太陽が似合う鮮やかな花が
夏のハーブガーデンを彩ってくれます。

モナルダ

梅雨が終わりに近づくと、里山にはセミの声が響き渡り、真っ青な空と山の緑のコントラストがまぶしいくらい。急激に気温が高くなり、庭仕事にはちょっとしんどい季節が始まります。

とはいえ、家にこもってはいられません。盛夏でも元気なハーブがある一方で、高温多湿が苦手なハーブにとっては、ちょっとつらい季節。朝早い時間か夕方、庭に出て収穫を兼ねて切り戻しや枝透かしを行います。里山や沼に囲まれているおかげで、夕方は案外、涼しくなるのです。

強い日差しに映えるのが、エキナセアやモナルダなど、草丈が高く鮮やかな花を咲かせるハーブ。ラベンダーのなかでは花期がやや遅い品種のラベンダー'グロッソ'も、まだ咲き続けています。

夏の花が満開

エキナセアやモナルダなど、草丈が高く華やかな花が満開になる季節。植えておくと、夏らしい風景を演出してくれます。

夏のタッジーマッジー

エキナセアやオレガノの花、モナルダに、さわやかな香りのミント類やレモンバームを添えて。この後、ラッピングしてプレゼント。

大株に育ったラベンダーとエキナセアなど存在感のある暖色の花が織りなす風景は、初夏から夏にかけてのガーデンのみどころ。汗をかきながらも、この風景はしばらく眺めていたいなと感じます。

タデアイの収穫

タデアイの生葉染めをするため、みんなでタデアイを収穫。夏の終わりの風物詩です。

収穫したハーブは干して保存

収穫したラベンダー'グロッソ'は、この後、小分けして乾燥します。すでに干し終わったハーブも、カビが生えないよう風通しのよいところでしっかり乾燥を。

夏のガーデン作業

ハーブ類は茂りすぎると、風通しが悪くなり蒸れてしまいます。
切り戻しや草むしりが大事な季節。
ラベンダーの収穫も、遅れないように。

切り戻し

主に葉を使うハーブ類の場合
花が咲くと栄養が花にいき、
生育が悪くなります。
つぼみのうちに摘み取るか、
新たな枝を出すため切り戻しをすると
秋まで収穫できます。

バジルの切り戻し

つぼみがつき始めたら
上1/3〜半分くらいを
目安にカット。
節（葉のつけ根）の上で
切り戻すと、脇芽が
育っていきます。

ローマンカモミールをカット

多年草のローマンカモミールは、
蒸れを防ぐためにできれば夏前にカット。
茎や葉は乾燥して保存します。

刈り込んだ後の様子。

根元から10㎝くらい残して刈り込む。

花を収穫した後の株。茎がだいぶ伸びている。

キャットミントの切り戻し

葉を多く収穫したい場合は、
伸びすぎた茎を随時切り戻しします。
風通しの確保のためにも必要な作業です。

切り戻しをして、整えたところ。

伸びた茎は、節の上で切る。

一年草の整理

ガーデンの風通しをよくするためにも
枯れ始めた一年草や
収穫し終わった一年草は、
抜き取って整理しましょう。
タネを採るために残しておいた株は
タネを収穫した後、抜き取ります。

ボリジを抜く

すでに枯れてきたボリジ。タネを収穫したら、秋のうちにまき、育苗します。

夏の寄せ植え

夏におすすめしたいのは
太陽に映える鮮やかな花色の寄せ植えや
涼しさを演出するハンギングなど。
咲き終わった花は早めに摘み取ると
株が疲れないため、長い期間楽しめます。

ふわっとこぼれるよう

淡い緑色を基調としたハンギングは、見た目も涼しげ。オレガノ'ロタンダフォリア'、スイートハーブメキシカン、アメリカンブルー（ハーブではない）。

サマーカラーで元気に

主役は存在感のあるエキナセアとレモンベルガモット。脇役として、対照的な寒色のユーパトリウム（ハーブではない）を添えました。株元のウッドセージ、オレガノ'マルゲリータ'の葉色がポイントです。

夏のアフターガーデニング

**収穫の喜びをたっぷり味わえる季節。
ラベンダーの手仕事や藍染めは1人でやるより、
みんなで取り組むと楽しさが倍増します。**

大株に育ったラベンダー
‘グロッソ’

ラベンダー収穫後の作業

ラベンダーは品種によって開花期に違いがありますが、花期が遅めのラベンダー‘グロッソ’も、7月末には花期が終わります。
ラベンダーは7分咲きくらいのときに次々と収穫し乾燥して保存しておくと、さまざまな用途に使えます。

乾燥させて保存を

収穫したラベンダーは、風通しのよいところでドライに。
ティーやバスソルト、サシェ、リースなどに使います。

1 花茎の根元から刈り取ったところ。

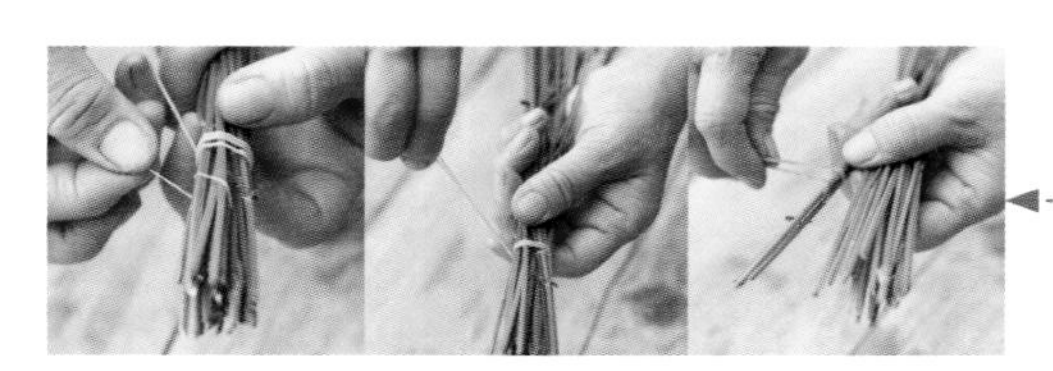

2 20本くらいを目安に1束にし、輪ゴムを茎にひっかけてからくるくる巻いて留める。

3 茎を広げ、風がよく通るようにする。

4 ぶら下げて干す。ワイヤーハンガーの端を切ると便利。

落ちた花も捨てないで!

作業中に落ちた花は、ティーやバスソルトに使ったり乾燥して保存を。

ラベンダーを生かしきる

リラックス効果や鎮痛作用、殺菌作用など
さまざまな効果が期待できるラベンダー。
ポプリやサシェはもちろん、ウォーター、
オイル、クリームなどにも活用しましょう。

使い道が多いラベンダーウォーター

つくり方：水600ccを沸かし、乾燥したイングリッシュラベンダーのつぼみを大さじ6杯、収穫したてのラベンダー'グロッソ'の茎と花10～15本を3～4㎝くらいにカットして入れ、再び沸騰したら火を止めて10～15分置き、濾します。
使い方：日焼け後の肌のケアや髪の手入れ、うがい、手足浴、ティーに混ぜるなどして使います。

防虫効果も期待できるラベンダーバンドルズ

つくり方：乾燥したラベンダーを13本以上の奇数本を束ね、花首をリボンなどで縛り、花穂にリボンを絡ませるようにして編んでいきます。
使い方：室内に飾ったり、クローゼットやタンスの中に入れると防虫効果も。

ボタニカルキャンドル

つくり方：キャンドル製作専用のホルダーを使い、ベースキャンドルと外枠のキャンドルの間にドライのラベンダーを入れます。
使い方：リースと組み合わせて置いたり、そのままインテリアの小物としても素敵です。

手荒れを防ぐラベンダークリーム

つくり方：p40カレンデュラハンドクリームを参照してください。
使い方：肌の再生効果が期待できるので、フェイスクリームやボディークリームとして使えます。火傷や皮膚の炎症、虫刺されのケアにもおすすめ。

タデアイの生葉染めにチャレンジ

毎年、夏の終わりが近づく頃、
タデアイの生葉染めの
ワークショップを開きます。
生葉染めは、薬剤も火も使わず
染められるのが特徴。まずはみんなで、
タデアイを収穫するところから
始まります。
染め上がった布を青空の下に干すと、
感激もひとしお。
里山で過ごす、楽しい夏の一日です。

みんなで収穫！

タデアイは花が咲く頃まで
が収穫期。葉を使うので、
茎から切り取ります。

シルクを染める

用意するもの

タデアイの生葉、ミキサー、まな板、包丁、染める布（シルクのスカーフが染めやすい）、計量器、ゴム手袋、バケツ、葉を濾すための袋、水、酢

1 布の重さを量る。葉の必要量は布の3～10倍。

2 布はしばらく水に浸けておく。

3 葉のみ茎からちぎり、重さを量る。

4 包丁で葉をざっくりと刻む。

5 少量の水を加えてミキサーで葉をペースト状に。

6 布きん袋で濾して、染色液をつくる。

7 水通しした布を染色液に浸けて染める。

8 布を絞って流水で洗い、絞って空気にさらす。

9 再度染色液に浸す。これを2〜3回繰り返す。

10 軽く絞り、布を広げる。

11 天日に干し、乾いたらできあがり。

翌年のために

タデアイは翌年のためにタネを残します。また、葉をむしり取った後の茎は、水に挿しておくと数日後に根が出るので、挿し芽にするとその年のうちに葉や花、タネを収穫できます。

タネ用に残しておく

タネがついたら、抜いて乾燥させて保存。乾いたらタネを採る。

茎は挿し芽に

茎を水につけておくと4〜5日くらいで根が出るので、庭などに植える。

セントジョーンズワートの浸出油

セントジョーンズワートの浸出油は
ねんざや傷、神経痛などに効果があるといわれ、
痛みがあるときにマッサージオイルとして使います。
浸けこんで1ヶ月くらいたったら、
濾して遮光ビンで保存します。

浸け込んで約1ヶ月後。
液が赤くなっている。

用意するもの

①ホホバオイル
（あるいはオリーブオイル）
②ビン　③ビーカー　④竹串
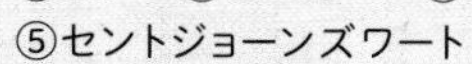
⑤セントジョーンズワート

つくり方

1 ビンと蓋の内側は消毒しておき、花と葉をビンの8分目くらいまで入れる。

2 ホホバオイルの量は、花や葉が隠れる程度。

3 ホホバオイルを注ぎ入れる。

4 花や葉が油から出ないよう、竹串で沈める。

浸出油でつくる軟膏

ミツロウを使ってつくるセントジョーンズワートの軟膏は、切り傷や火傷の際に重宝します（つくり方はp41参照）。

Herb book ［図鑑］

初夏〜夏の花が美しいハーブ

初夏〜夏の明るい太陽には、花穂が伸びるハーブや
大輪の花や色鮮やかな花を咲かせるハーブ類が映えます。
鉢植えやガーデンの彩りに、ぜひ取り入れてください。

※図鑑の見方は p6をご覧ください。

ラベンダー

学　名：*Lavandula* spp.
科　名：シソ科
原産地：地中海沿岸〜アフリカ北部
性　質：耐寒性〜非耐寒性 常緑低木
樹　高：20〜100cm

イングリッシュラベンダー（コモンラベンダー）
学名：*Lavandula angustifolia*

フレンチラベンダー
学名：*Lavandula stoechas*

デンタータラベンダー
学名：*Lavandula dentata*

ラベンダー'グロッソ'
学名：*Lavandula × intermedia* 'Grosso'

特徴

ラベンダーの仲間は、多品種あります。香り高いイングリッシュラベンダーや交配種のラバンディン系（ラベンダー'グロッソ'）、フレンチラベンダーやデンタータ系、プテロストエカス系など香りの特徴や花の咲き方もさまざまです。どの品種も魅力的で、香りを生かして幅広く活用されています。

育て方のコツ

日当たりがよく、水はけのよい場所が条件。高温多湿に弱いので、花穂は早めに刈り取ることと、枝透かし、剪定が大事な作業となります。

鉢植えでは、鉢底石を多めにし、水はけのよい土で育てましょう。

増やし方は、親の性質を受け継ぐ挿し木がおすすめ。花や香りにばらつきが出にくくなります。

{楽しみ方}

つぼみの香りには、神経や筋肉の緊張をやわらげる作用があるとされます。ティーやシロップに用いたり、サシェやハーバルバスなど、リラックスタイムに役立ちます。

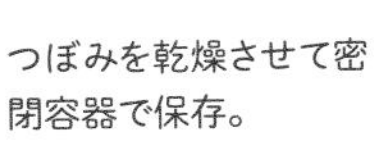

つぼみを乾燥させて密閉容器で保存。

栽培カレンダー

	1月	2月	3月	4月	5月	6月	7月	8月	9月	10月	11月	12月
タネまき		■	■	■								
苗の植えつけ			■	■								
開花						■	■	*種類によって異なる				
収穫						■	■					
作業				挿し木	■	■		剪定	■	■ 挿し木	■ 挿し木	■

モナルダ

学　名	:*Monarda didyma*
科　名	:シソ科
原産地	:北米東部
別　名	:ベルガモット
性　質	:耐寒性 多年草
草　丈	:60〜150㎝

モナルダの新芽

特徴

花は赤、ピンク、パープル、ホワイトと色合いの幅が広く、ミックス植えも楽しめます。葉は柑橘のベルガモットの香りに似ており、ティーにブレンドすると、アールグレイティーに似た風味になります。

ミツバチがこの花を好むため、ビーバームとも呼ばれています。

育て方のコツ

日当たりのよい場所で、のびのびと充実した株に育てましょう。増やし方は、株分けや挿し芽がおすすめ。タネから育てる場合は、多湿にならないように注意してください。

花が咲いたら早めに収穫します。また、高温多湿に弱く、うどんこ病になりやすいので、収穫と切り戻しを兼ねて株元から刈り込みをすることがポイントです。

{楽しみ方}

サラダやお菓子に、ティーにと香りを存分に楽しんでください。乾燥させても香りが持続します。北米の先住民が薬用の健康茶として、飲用していたといわれています。

ドライのモナルダを加えた紅茶に生葉を浮かべて。

栽培カレンダー

	1月	2月	3月	4月	5月	6月	7月	8月	9月	10月	11月	12月
タネまき			━	━	━				━	━		
苗の植えつけ									━			
開花						━	━	━				
収穫						━	━					
作業			株分け	━	━	切り戻し ━	━		━ 株分け			

エキナセア

学　名：*Echinacea purpurea*
科　名：キク科
原産地：アメリカ東部
別　名：ムラサキバレンギク（和名）
性　質：耐寒性 多年草
草　丈：60～150㎝

特徴

花の中心部が球状にもりあがり、花弁が少し垂れ下がって咲くのが特徴。花期が長いので、ガーデンやコンテナ栽培の彩りにも最適です。もともとは野生種ですが、観賞用の園芸品種も多くなり、多彩な品種があります。

免疫力アップのメディカルハーブとしても知られており、チンキをつくるのにも役立ちます。

育て方のコツ

日当たりと水はけがよければ、比較的土質を選ばず、丈夫に育ちます。

花が咲いたら早めに花茎を根際から切り取ると、長く楽しむことができます。

春と秋のタネまきか、株分けで増やします。

{楽しみ方}

乾燥させてチンキをつくり、ハーブティーや白湯に数滴入れると、風邪予防や、うがい薬としても利用できます。観賞用にタッジーマッジーなどでも楽しめます。

エキナセアを中心に、オレガノ、モナルダなど夏のテーブルフラワーに。

栽培カレンダー

	1月	2月	3月	4月	5月	6月	7月	8月	9月	10月	11月	12月
種まき			━	━	━				━	━		
苗の植えつけ			━	━	━				━	━		
開花						━	━	━	━			
収穫						━	━	━	━	━		
作業			━	━	━	株分け						

キャットミント

学　名：*Nepeta × faassenii*
科　名：シソ科
原産地：ヨーロッパ、アジア
性　質：耐寒性 多年草
草　丈：30〜45㎝

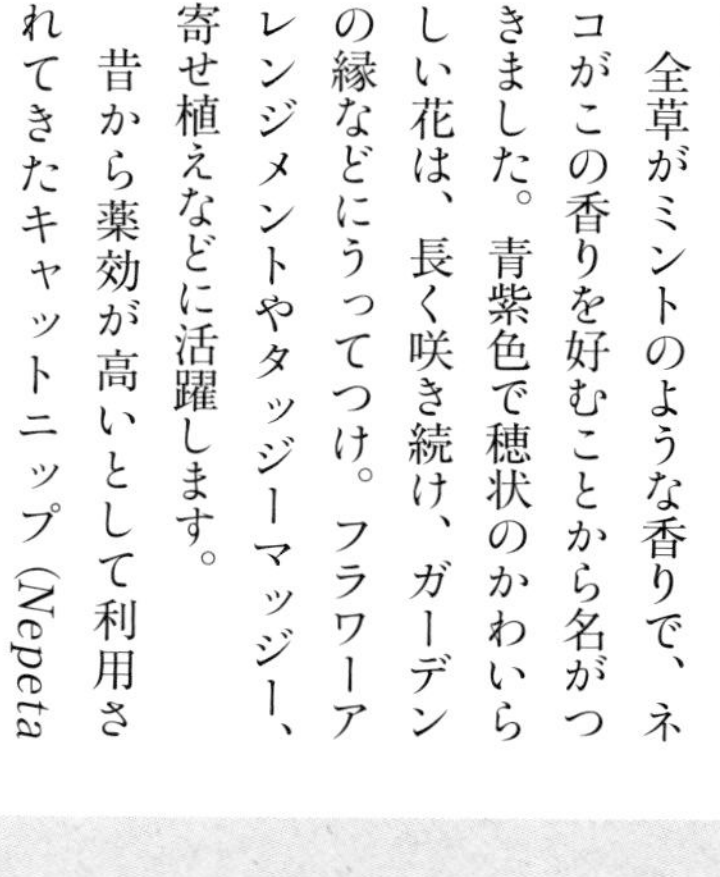

特徴

全草がミントのような香りで、ネコがこの香りを好むことから名がつきました。青紫色で穂状のかわいらしい花は、長く咲き続け、ガーデンの縁などにうってつけ。フラワーアレンジメントやタッジーマッジー、寄せ植えなどに活躍します。

昔から薬効が高いとして利用されてきたキャットニップ（*Nepeta cataria*）は、近縁種。

育て方のコツ

日当たりと風通しのよい場所で育てます。花が咲きあがり、株が乱れてきたら、こまめに切り戻しをし、追肥もしましょう。

{楽しみ方} ガーデンの植栽デザインやタッジーマッジーなどで活躍します。また、乾燥させた葉をぬいぐるみの中に入れて、ネコのおもちゃづくりに使えます。

栽培カレンダー

	1月	2月	3月	4月	5月	6月	7月	8月	9月	10月	11月	12月
タネまき									●			
苗の植えつけ				●	●				●	●		
開花				●	●	●	●	●	●	●		
収穫				●	●	●	●	●	●	●	●	
作業		挿し芽	●	●								

ラムズイヤー

学　名：*Stachys byzantina*
科　名：シソ科
原産地：アジア中央部、イラン
別　名：ワタチョロギ（和名）
性　質：耐寒性 多年草
草　丈：20〜90㎝

特徴

銀白色のうぶ毛で覆われた葉はやわらかくふわふわしており、触り心地のよい感触です。タッジーマッジーなどの花束の外周にぐるりとあしらうと、他の植物を引き立て、花束全体が美しくまとまります。

育て方のコツ

日当たりのよい場所に地植えするか、大きめのプランターや素焼き鉢で育てます。

梅雨時の高温多湿に弱いので、下葉が蒸れて腐ってきたら、こまめに取りのぞきましょう。また花が咲いたら、収穫を兼ねて、花茎を根際から切り取ります。

{楽しみ方} ピンクの小花をつける花穂は、ドライフラワーとして、リースやスワッグなどに。きれいなシルバーリーフは、タッジーマッジーや寄せ植え、ガーデンの縁取りなどに最適です。

栽培カレンダー

	1月	2月	3月	4月	5月	6月	7月	8月	9月	10月	11月	12月
タネまき			●	●								
苗の植えつけ					●	●			●	●		
開花					●	●	●					
収穫						●	●	●	●	●		
作業		株分け	●				株分け	●				

チンキなどで活躍するハーブ

Herb book ［図鑑］

ハーブは薬として使われてきた歴史があり、さまざまな薬効が期待できます。有用成分をキャリアオイルで浸出油にしたり、アルコールに浸けてチンキにするなど、暮らしのなかで役立ててください。

※図鑑の見方はp6をご覧ください。

セント ジョーンズ ワート

学　名：*Hypericum perforatum*
科　名：オトギリソウ科
原産地：ヨーロッパ〜アジア西部
別　名：セイヨウオトギリソウ（和名）
性　質：耐寒性 多年草
草　丈：30〜60㎝

特徴

夏至の日近くに、明るい黄色の小花を咲かせます。花と枝葉には鎮痛効果のある成分を含んでいるので、メディカルハーブとして重要な役割を持ち、ティーやチンキ、浸出油などに利用します。

イエス・キリストに洗礼を授けた「聖ヨハネ」が由来してこの名がついたとされます。

育て方のコツ

日当たりのよい場所で育てますが、地植えにすると地下茎が横に広がるので、植え場所を考えて配置します。また生育旺盛で性質が強いので、近くに植える植物にも注意が必要。大きめな鉢やコンテナで育てるのもよいでしょう。

春か秋に挿し芽か株分けで増やします。

{楽しみ方}

鎮痛効果が期待できるハーブなので、ぜひ浸出油をつくっておきましょう（p90参照）。生の花を上質な植物油に浸け込むと、特徴的な赤い色が出ます。ティーやチンキにも利用できます。

生の花と枝葉でつくった、チンキと浸出油。

栽培カレンダー

	1月	2月	3月	4月	5月	6月	7月	8月	9月	10月	11月	12月
タネまき									━	━		
苗の植えつけ				━	━	━			━	━	━	
開花						━	━	━				
収穫						━	━	━				
作業			株分け	━	━			株分け	━	━		

サントリナ

学　名：*Santolina chamaecyparissus*
科　名：キク科
原産地：地中海沿岸
別　名：コットンラベンダー
性　質：耐寒性 常緑低木
樹　高：20〜40㎝

緑葉の品種とシルバー系の品種。

花の収穫と整理

花茎は根際から、収穫を兼ねて刈り込みましょう。

特徴

シルバー系の葉色と濃いグリーンの葉色の種類があり、ガーデンデザインのよい素材として活躍します。花は黄色い小さな帽子のようで、キクのような香りがあり、ドライフラワーやポプリにも利用できます。

育て方のコツ

日当たりと水はけのよい場所であれば、土質はあまり選びません。植えて2年目以降は株が大きくなるので、植える際は株間をあけるようにします。

葉が乱れてきたら、刈り込むと形が整い、枝葉の収穫量も増えます。刈り込みは半円形に丸くするのがおすすめ。高温多湿が苦手で、梅雨時には込み合った部分は枯れやすくなるので、枝透かしをしましょう。繁殖はタネまきか、挿し木で。

{楽しみ方}

虫除け効果のある香気成分を含む枝葉は、チンキにしたり、防虫サシェなどのクラフトに役立ちます。花はそのまま生けたり、ドライにして利用することもできます。

収穫と手入れを兼ねて刈り込んだ花。

栽培カレンダー

	1月	2月	3月	4月	5月	6月	7月	8月	9月	10月	11月	12月
タネまき				━	━							
苗の植えつけ				━	━	━						
開花						━	━					
収穫					━	━	━	━	━	━	━	
作業		刈り込み	━	━	━	━		刈り込み		━	━	

ヨモギ

学　名	*Artemisia indica*
科　名	キク科
原産地	日本、朝鮮半島
別　名	モグサ、モチグサ
性　質	耐寒性 多年草
草　丈	50〜100cm

{楽しみ方} ティーや料理で活躍するほか、体を温める効果があるので、冷え性などの緩和に役立ちます。よもぎ蒸しやハーブボウル、乾燥させて入浴剤にするなどして効果を試してみては？

栽培カレンダー

	1月	2月	3月	4月	5月	6月	7月	8月	9月	10月	11月	12月
タネまき			━	━					━	━		
苗の植えつけ			━	━					━	━		
開花								━	━	━		
収穫			━	━								
作業							植え替え		━	━		

特徴

日当たりのよい野原などに自生します。春3〜4月頃のやわらかな葉や若芽には、高い栄養価と薬効があり、草餅や、天ぷら、和え物などの料理で楽しめます。

地下茎でどんどん増えるのが特徴。葉の裏にはやわらかく細かい綿毛があり灰白色に見えます。モグサはこの綿毛を集めて特別な処理をしたもので、古くから幅広く利用されている和のハーブ。

育て方のコツ

土質を選ばず丈夫に育ちます。プランターや鉢で育てる場合は、大きめのものにしましょう。

ドクダミ

学　名	*Houttuynia cordata*
科　名	ドクダミ科
原産地	日本、台湾、中国、朝鮮半島、東南アジア
別　名	ジュウヤク
性　質	耐寒性 多年草
草　丈	20〜50cm

{楽しみ方} ドクダミは葉も花もオーガニック農薬（p27参照）や虫除けスプレーなどをつくるときに役立ちます。また、白い花だけを利用したチンキには、美白効果があるとされ、美容効果も期待できます。

栽培カレンダー

	1月	2月	3月	4月	5月	6月	7月	8月	9月	10月	11月	12月
苗の植えつけ			━	━	━							
開花					━	━	━					
収穫					━	━	━					
作業			━	━	株分け				━	━	株分け	

特徴

十薬（ジュウヤク）とも呼ばれ、解毒効果などの薬効があるとされ、乾燥させた葉を煎じて、古くから飲用されている和のハーブです。独特な臭気がありますが、乾燥させると弱まります。

ハート形で先が尖った葉と、白い花が印象的です。葉も花も薬効が期待され、ティーやチンキなどで活躍します。

育て方のコツ

半日陰から日なたまで、どこでも繁殖力旺盛に育ちます。他の植物を侵食するので、増えすぎたら根から抜き取りましょう。

ルー

学　名：*Ruta graveolens*
科　名：ミカン科
原産地：ヨーロッパ南部
別　名：ヘンルーダ
性　質：耐寒性 常緑低木
樹　高：60～90cm

{楽しみ方}

乾燥させてサシェや、チンキにして虫除けに利用します。また葉や花のかわいさ、香りからもタッジーマッジーには欠かせない存在。ドライフラワーにも向いています。

特徴

中世ヨーロッパで虫除け、魔除け、疫病予防に使われたといいます。細かな丸い葉や黄色い花がかわいらしく、全草に独特な香りがあります。葉色は緑の品種のほか、青みが強いタイプや斑入り葉もあります。

育て方のコツ

日当たりよく乾燥ぎみの場所を好みますが、土質は選ばないので、初心者でも容易に育てられます。

どこから切っても芽がよく出るので、切り戻して株の形や高さを調整することができます。切り戻す際、切り口から出る汁液にかぶれる場合があるので、手袋をすると安心。

栽培カレンダー

	1月	2月	3月	4月	5月	6月	7月	8月	9月	10月	11月	12月
タネまき			●	●	●				●	●		
苗の植えつけ			●	●	●							
開花						●	●	●				
収穫					●	●	●	●	●	●	●	
作業					挿し木				挿し木	挿し木		

コモンヤロウ

学　名：*Achillea millefolium*
科　名：キク科
原産地：ヨーロッパ、アジア、北米
別　名：セイヨウノコギリソウ（和名）
性　質：耐寒性 多年草
草　丈：20～60cm

{楽しみ方} 止血作用があるとされ、よく洗浄した生葉をもんで、傷の手当てに利用できます。また熱湯を注ぎ湯気を吸入して、去痰に用いたり、入浴剤にも使えます。

特徴

コモンヤロウの花は白ですが、ヤロウの仲間にはいろいろな色があり、切り花、アレンジメント、タッジーマッジーなどで活躍します。

育てやすく丈夫で、周囲の植物を害虫から守るコンパニオンプランツの役目も果たしてくるので、ガーデンにぜひ植えておきたいハーブ。

育て方のコツ

地植えの場合は、一度苗を植えると地下茎がどんどん増えていくので、株間を50cm以上あけます。鉢植えは、2～3年に1回鉢から株を取り出し、株分けして新しい用土で植え直すようにしましょう。

栽培カレンダー

	1月	2月	3月	4月	5月	6月	7月	8月	9月	10月	11月	12月
タネまき			●	●	●							
苗の植えつけ			●	●					●	●	●	
開花					●	●	●	●	●			
収穫				●	●	●	●	●	●	●	●	
作業									株分け	株分け	株分け	

タンジー

学　名：*Tanacetum vulgare*
科　名：キク科
原産地：ヨーロッパ、アジア
別　名：ヨモギギク（和名）
性　質：非耐寒性 多年草
草　丈：80～120㎝

特徴

全草に防虫効果のある強い香りを持ち、虫除けハーブとして有名。乾燥させても香りが高く、サシェをつくり衣類の虫除けにしたり、チンキを虫除けスプレーに利用できます。
ボタンのような黄花は、ガーデンでは彩りになり、切り花やドライフラワーにも向いています。

育て方のコツ

土質を選ばず、日なたから半日陰まで、丈夫に育ちます。繁殖力が旺盛なので、適時、刈り込みや剪定をしましょう。植えるときは株間を充分にとり、2～3年に1度、早春か花後に株分けします。

{楽しみ方}

アリ除け、ハエ除け、ノミ除けにもなるとされ、室内でも効果が期待できます。サシェやチンキにして利用してみましょう。花は染め物にも使え、鮮やかな黄色が出せます。

栽培カレンダー

	1月	2月	3月	4月	5月	6月	7月	8月	9月	10月	11月	12月
タネまき			━	━	━				━			
苗の植えつけ			━	━	━	━			━	━		
開花					━	━	━	━	━	━		
収穫					━	━	━	━	━	━	━	
作業		株分け	━					株分け		━	━	

チェストツリー

学　名：*Vitex agnus-castus*
科　名：シソ科（クマツヅラ科）
原産地：ヨーロッパ南部、アジア西部
別　名：セイヨウニンジンボク（和名）
性　質：耐寒性 落葉低木
樹　高：2～3m

特徴

夏から秋にかけて、淡い紫色の小花を円錐状につけ、ガーデンのアクセントになります。大鉢に植えてシンボルツリーとしてもよいでしょう。
花後の実はチェストベリーと呼ばれ、女性ホルモン分泌調整作用があるとされます。婦人疾患におすすめのメディカルハーブの一つ。

育て方のコツ

比較的土質を選ばず、丈夫に育ちます。成長が早く、枝葉も広がるので、秋の終わりに1/2くらいまで、思い切った剪定が必要です。増やし方は、秋に挿し木します。

{楽しみ方}

チェストベリー（実）は、葉と同様の独特の香りです。おすすめはチンキをつくって、ティーに垂らして飲用したり、サシェなどにも利用します。

栽培カレンダー

	1月	2月	3月	4月	5月	6月	7月	8月	9月	10月	11月	12月
苗の植えつけ				━	━				━	━		
開花							━	━	━			
収穫					枝葉	━	━	━	━	━	━	実
作業								挿し木	━	━		

秋〜冬

里山の雑木や木の実が色づき始めると
ガーデンもすっかり秋景色に。
秋晴れの空の元、翌春のために
タネまきをすませ
冬に備えて準備を始めます。

秋を告げるツルウメモドキの実。

秋は1年の締めくくりの季節であると同時に、翌年の準備をする季節でもあります。多年草の根元には、すでに新しい芽が出ている場合も。枯れた枝は根元から切り、茂った小低木は秋のうちに思いきって剪定します。

秋のタネまきは、時期が遅れないようご注意を。寒くなりすぎないうちに苗を育て、定植を行うと、冬の間にしっかりと根を張って翌年元気に育ってくれます。

ガーデンに秋の深まりを告げてくれるのが、ローゼルの花です。ハイビスカスとしても知られているので、なんとなく南国のイメージを持つ方もいるようですが、日本では秋に咲きます。

ローゼルの収穫が始まると、そろ

秋のタネまき

カモミールやヤグルマギク（コーンフラワー）など、冬に苗を育てたほうがよいハーブは、秋にタネまきをします。寒くなりすぎないうちにまき、苗を定植すると冬の間しっかりと根を張ります。

ローゼルの収穫

花が咲き終わったローゼルの萼や苞は、干してティーなどの材料に。つぼみや萼はアレンジメントの材料としても魅力的。

冬に備えて

霜に弱いハーブはマルチングをしたり、鉢にあげて室内で管理するなどして冬に備えます。

そろクリスマスの準備をしなくては、という気持ちになります。メインのクラフトはリースやスワッグづくり。ときには仲間とおしゃべりしながら、毎年楽しくリースをつくっています。

ガーデンがある外房は比較的温暖な地域ですが、やや内陸なので、霜が降りることもあります。寒さが苦手な植物にはマルチングをするなど、冬越しの準備も、この時期の大切な作業です。

X’masの準備

ドライやフレッシュのハーブなどで、クリスマス用のリースやスワッグを準備。

秋～冬のガーデン作業

**秋は収穫、冬越しの準備などが主な作業。
来春の庭づくりに備えて、秋まきのタネをまき
苗を育てるのも、この季節にやっておきたいことです。**

秋のタネまき

コリアンダーやコーンフラワー、ジャーマンカモミールなどハーブのなかには、秋にタネをまいたほうがその後の生育がよいものがあります。ハーブによって発芽の適温が違うので本書のハーブ図鑑や市販のタネ袋の裏などを参考にしてください。

ジャーマンカモミール

ジャーマンカモミールのタネはとても細かいのでばらまきが向いています。
発芽して本葉が2～3枚出たらポットあげし、
3～4週間ほど管理してしっかりした苗になってから
庭に定植します。

1 育苗トレイかプランターにタネまき用土を入れ、タネをばらまきにする。

2 覆土はせず、タネが飛ばないように霧吹きで水を与える。

コーンフラワー

ややタネが大きいコーンフラワーは
庭に直まきでも育ちますが、プラグトレイに3粒ずつ点まきにし
競わせて強い芽を残す方法もおすすめです。

1 プラグトレイにタネまき用土を入れ、3粒ずつタネをまく。

2 ふるいを使って、薄く覆土する。

3 霧吹きか目の細かいジョウロで、そっと水を与える。

2週間後

発芽し、双葉が開いたところ。

ピンセットを使い、ひょろっとした芽を抜き、しっかりした芽を1本か2本残す。本葉が2～3枚出たらポットあげして育苗し、冬になる前に定植する。

タネ採り

秋は、来年の春のためにタネを採る季節。
タネはよく熟してから、
できれば晴れた日に採りましょう。
フェンネルやコリアンダーなどのタネは
スパイスとしても使えます。

タデアイ

タネを採るために収穫したタデアイは、
よく干してからタネを採り、保存しておき翌春まきます。

1 よく乾くまで、ザルなどで干す。

2 穂の部分を手でもんで、中のタネを採取する。

秋の収穫

秋が収穫適期のハーブもあります。
その代表例が、ローゼル。
花が咲き終わった後の
萼（がく）や苞（ほう）を収穫し、乾燥させて
ティーなどの材料にします。

ローゼル

ローゼルは花びらではなく花が咲いた後の萼や苞を使います。
一日花なので咲き終わったものを次々と収穫し、乾燥させて保存します。

1 咲き終わった花がまだ残っている状態。

2 花を取り除く。

咲き終わった花が自然に落ちた苞と萼。指でもいで収穫する。

赤が美しいローゼルのソルト

乾燥させたローゼルはミルで細かくし、ソルトと混ぜます。やや酸味があり、魚料理とよく合います。写真はピンク色のヒマラヤ岩塩と混ぜたソルト。

冬に備えた切り戻し

多年草のなかには、すでに翌年育つ新芽が出ているものも。古い茎が残っている場合は、根元から切ります。低木は強めに剪定し、来年の芽を促します。

セージ

太い茎は、根元から⅓くらい残し、芽の上で剪定します。ひょろっとした細い枝は根元から切ります。

before

収穫を繰り返していたため、高さも抑えられており、それほど茂っていない。

▼

after

剪定をすませたところ。全体の⅔くらいにカットした。

来年伸びる芽の上で切る。

刈り取った枝の量はこのくらい。乾燥させて保存する。

ラベンダー

蒸れを嫌うラベンダーは、冬前に思い切って強めの剪定をします。こんもりした形を想像して、真ん中をやや高めに。

before

11月初旬の様子

▼

after

全体の½〜⅓くらいを残し、真ん中を高くして扇形のように整える。3年目以降の大株になったものは、小さな芽を確認して残し、強剪定を。

地際の枝は、根元近くで切る。

芽を残して際を切る。

ウインターセボリー

形よく育てるために、
半球型、扇形などを想定し
刈り込みます。
枯れた枝も取り除くように。

before

わさわさと伸びている状態。

after

きれいに半球形に刈り込んだところ。

マルチング

定植したばかりの苗の根が
霜で浮かないよう、また多年草の
新芽や根を寒さから守るため、
株のまわりをマルチングします。
庭から出た枯れ枝や
枯れ葉を使った循環式の
庭づくりをおすすめします。

枯れた茎は適当な大きさに切り、枯れ葉はとっておいて、あわせてマルチング材として利用。

レモングラス

霜が降りない地域では、
マルチングして冬越しも可能です。
寒冷地や霜が降りる地域では
掘り上げて鉢植えにして
屋内で管理します。

11月末の様子。まだ未収穫の葉がだいぶ残っている状態。

1 根元10cmほど残し、葉をカットする。

2 根元のまわりを、マルチング材でしっかりと保護する。

レモングラスの葉をロープの台に

ローズマリー、セージ、トウガラシ、ローレル、ニンニク、シナモン、八角など、料理でよく使うハーブをまとめて一束にしたキッチンロープ。刈り取ったレモングラスの葉を乾燥させ、寄り合わせてロープの台にしています。松ぼっくりなどを加え、クリスマスや新年の飾りにしてみては?

秋〜冬のアフターガーデニング

秋は、リースやスワッグなどクリスマスや
お正月を意識したクラフトをつくる季節。
寒さから体を守るためにもハーブが活躍します。

フレッシュリース

剪定したマートルやユーカリの枝を利用し、
ポイントに花材のシルバーブルニアを加えました。
一周ぐるりと植物で覆わないリースも人気。
飾っているうちに自然にドライリースとなります。

麻ひも

用意するもの

①フラワーアレンジ用のワイヤー（26番）
②リースの台（直径約20㎝）
③マートル
④ユーカリ
⑤ハサミ
⑥シルバーブルニア

つくり方

1 マートルを長さ約15cmに切りそろえる。

2 下の葉を数枚むしり取り、5cmほど枝だけにする。

3 マートルを切りそろえ終えたところ。

4 ユーカリはマートルよりやや長めにし、17〜18cmに切る。

5 下の葉数枚を取り、切りそろえたところ。

6 ポイントに使うシルバーブルニアは短めにし、約10cmに切る。

7 このくらいの量があれば、直径20cmのリース台をほぼ覆うことができる。

8 マートル4本、ユーカリ2本を目安に束ね、葉の下あたりをワイヤーで3重巻きにして留める。ワイヤーは真ん中をねじり、両端は長いまま残しておく。

9 枝の端を切って長さをそろえる。

10 小さな束が9つできあがったところ。

11 リース台の上に仮置きをし、全体のバランスを見て順番などを調整する。

12 順番が変わらないように注意し、台の外側に小束を移動させる。

13 小束の根元のワイヤーでリース台に留めていく。シルバーブルニアもワイヤーで留める。

14 10cmほど残して9束全部留め、全体を見て隙間があれば残っていた枝を足す。

15 小束をつけずに残しておいた部分に、麻ひもを巻いていく。

できあがり

秋～冬のティー

気温が下がってくると、リンゴの香りのティーや
ほっこり体を温めるお茶が恋しくなります。
そこでドライのジャーマンカモミールを使った
寒い季節向きのティーをご紹介します。

香りを楽しむ アップルカモミールティー

カモミールにもリンゴに似た香りがあり、生のリンゴとの相性は抜群です。熱湯を注いでからティーポットウォーマーなどで温め続けると、さらにリンゴの香りや甘みが強く出ます。

用意するもの

①無農薬のリンゴ（写真は紅玉）
②ドライのジャーマンカモミール
③紅茶の茶葉

つくり方

1 リンゴは櫛切りにしてから、厚さ1㎝くらいに切る。

2 ポットに茶葉とドライカモミールを適量入れる。

3 リンゴも加え、熱湯を注いで3～4分ほど置く。

4 カップにもリンゴを入れておき、ティーを注ぐ。

ジンジャーカモミール茶

風邪ぎみのときや、体が冷えているときにおすすめ。ジンジャーは乾燥したものがなければ、生のものをおろして入れてもかまいません。

ほうじ茶＋ドライカモミール＋ドライジンジャー（生も可）で淹れる。

Herb book ［図鑑］

冬も楽しめる常緑のハーブ

秋～冬の植物が少ない季節も、葉や実の収穫を
楽しめるおすすめの常緑樹を紹介します。

※図鑑の見方は
p6をご覧ください。

ローレル

別　名：ベイリーフ、ローリエ、月桂樹（和名）
性　質：耐寒性 常緑高木
樹　高：5～10m
学　名：*Laurus nobilis*
科　名：クスノキ科
原産地：地中海沿岸

特徴

垣根やシンボルツリーになる芳香性の常緑高木。大きめの鉢でも育てられます。

葉は乾燥させると香りが増し、カレーなどの煮込み料理やマリネに1～2枚入れるだけで、素材の臭みを消し、風味を加えることができます。ブーケガルニにも欠かせません。また、葉の香りを生かして、ポプリなどでも活躍。

育て方のコツ

日当たりのよい、肥沃な土壌を好みます。すす病やカイガラムシがつきやすいので、通風をよくするための剪定、枝抜きが大切です。

｛楽しみ方｝ 乾燥葉には肉や魚の臭み消しのほか、消化促進の作用があるといわれています。キッチンスワッグの材料にも利用できます。

栽培カレンダー

	1月	2月	3月	4月	5月	6月	7月	8月	9月	10月	11月	12月
苗の植えつけ			●	●	●				●	●		
開花				●	●							
収穫	●	●	●	●	●	●	●	●	●	●	●	●
作業			● 剪定									

ユーカリ

学　名：*Eucalyptus spp.*
科　名：フトモモ科
原産地：オーストラリア
性　質：半耐寒性～非耐寒性 常緑高木
樹　高：30～50m

特徴

ユーカリの種類はとても多く、葉の形も香りもさまざまです。樹幹は平滑で扱いやすく、葉もきれいな形のものが多いため、リースづくりなどに重宝します。また葉の水分がきれいに抜けていくので葉形を保てるのも魅力。レモンユーカリは、虫除け効果が高いとされています。

育て方のコツ

大きくなってからの移植は困難なので、植える場所を考慮し、剪定も重要。高さ調節がしやすいよう、大きめの鉢で育ててシンボルツリーとしてもよいでしょう。

｛楽しみ方｝

葉には空気を清浄化する働きや、抗菌力が期待されます。芳香浴に、生葉や乾燥葉をちぎってボウルなどに入れ、熱い湯を注いで使います。

栽培カレンダー

	1月	2月	3月	4月	5月	6月	7月	8月	9月	10月	11月	12月
苗の植えつけ			●	●								
開花					●	●	●	●				
収穫	●	●	●	●	●	●	●	●	●	●	●	●
作業					●	●	● 剪定					

マートル

学　名：*Myrtus communis*
科　名：フトモモ科
原産地：地中海沿岸、中東
別　名：ギンバイカ（和名）
性　質：半耐寒性 常緑低木
樹　高：1.5～2m

特徴

常緑の葉は通年楽しめ、初夏に梅に似た白い花が咲き、秋には黒い実をつけます。斑入りの品種や、近縁にレモンマートルなどがあります。葉をもむと少しスパイシーな清涼感のあるよい香りを放つのも特徴。

低木で扱いやすく、生活にも取り入れやすいハーブ。縁起のよい木ともいわれ、リースやタッジーマッジーにも使われます。

育て方のコツ

日当たりのよい、乾燥ぎみの場所を好みます。挿し木で簡単に増やせます。斑入り種の場合は寒さに弱いので注意が必要。

{楽しみ方} 香りのよい葉と実を利用してリースなどにおすすめ。実には殺菌作用があるのでチンキに利用したり、ジビエ料理などの臭み消しとしても使えます。

栽培カレンダー

	1月	2月	3月	4月	5月	6月	7月	8月	9月	10月	11月	12月
タネまき			━						━			
苗の植えつけ					━							
開花					━	━	━					
収穫		葉	━	━	━	━	━	━	━	━	━	実
作業						剪定	━	━		剪定	━	━

オリーブ

学　名：*Olea europaea*
科　名：モクセイ科
原産地：地中海沿岸
性　質：半耐寒性 常緑高木
樹　高：7～10m

特徴

細長い葉と木姿が、シンボルツリーとして人気。また果実はオレイン酸を多く含み、料理や美容などに幅広く活用されています。

育て方のコツ

日当たりと水はけのよい場所で育てます。根の張りが浅く強風に弱いので、しっかりした支柱を立てると安心。また、伸びすぎた枝や込み合った枝は、こまめに剪定するようにしましょう。

結実させるためには、数品種を混植させるようにします。品種によっては1本でも結実するものがあります。

{楽しみ方} 果実を使い、自家製オリーブの塩漬けにチャレンジしてみては？ 重曹水と塩水で根気よく渋抜きをするのがポイントです。乾燥させた葉をティーに利用することもできます。

栽培カレンダー

	1月	2月	3月	4月	5月	6月	7月	8月	9月	10月	11月	12月
苗の植えつけ			━	━					━	━		
開花					━	━						
収穫		葉	━	━	━	━	━	━	━	━	━	実
作業		━	剪定									

PART 3

お手本にしたい ハーブガーデンの楽しみ方

waon.k長瀬さんのガーデンより

フロントガーデンには、DIYのモルタル製‘ガーデンキッチン’が置かれ、バラ‘ピエールドゥロンサール’をふんわりと誘引。中央の木はトネリコ、下草はヒメイワダレソウやエリゲロン、ミント類など。右の椅子にはラベンダーやタイムの寄せ鉢がさりげなく飾られている。

フランスの田舎をイメージした自宅ショップ

waon.k長瀬さん

右：錆びたカップとイングリッシュラベンダーの相性が抜群。
左：窓辺にローズマリーとバラ‘ピエールドゥロンサール’。

モルタルの小屋とレモンバーム、ローマンカモミール、アメジストセージの葉、スペアミントなどが調和。

小道の脇には、レモンバームやミント類が植えられている。

風景に溶け込むように

いわゆる花壇みたいに植栽部分を区切るのではなく、あくまでナチュラルさを重視。アンティークレンガの小道の近くにはグラウンドカバープランツを、小道から離れるにしたがって草丈のある植物を植えるなどして、植物と建物や小道が溶け込むように工夫されています。

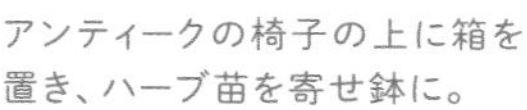

アンティークの椅子の上に箱を置き、ハーブ苗を寄せ鉢に。

アンティークのラダーにさりげなく置かれたラベンダーの鉢植えが、風景の要に。

鉢植えや寄せ鉢でテイストをつくる

ガーデンのところどころにアンティークの椅子やラダー（小さな脚立）などが置かれており、アンティークの小物と鉢植えや寄せ鉢を組み合わせて飾っています。DIYのモルタルの門柱や、あえてラフにつくった柵などと調和し「絵になる」風景に。

「野の草花」のイメージでナチュラルさを大切に

週に1回だけオープンするガーデンカフェ「waon.」。手づくりしたモルタルの小屋にナチュラルなガーデンが映え、まるでフランスの田舎のような雰囲気です。

ガーデンは自己主張をしすぎない宿根草とハーブが主体。バラの季節には、やさしい色合いのバラと楚々としたハーブの花が調和します。小道の両側にはスペアミントやレモンバーム、ローマンカモミールなどが、野の草風に植えられています。

寄せ植えや庭植えに使う予定のハーブは、アンティークの木箱に入れ、〝見せる〟を意識して保管。イングリッシュラベンダーの小さな鉢植えが随所にさりげなく飾られ、建物や庭と一体化しています。

さまざまな種類のミントや、ハーブの鉢植えをテラスで管理。

DIYガーデンに
ハーブを取り入れて

Sweet House 山田さん

虫除けも期待できるハーブは
ガーデナーの強い味方

DIYを生かした庭づくりを楽しんでいる山田千佳さん。ガーデンのあちこちで、ハーブを上手に取り入れています。

ハーブは丈夫で育てやすいものが多いうえ、ある程度虫除けの効果を期待できるものもあり、ガーデナーにとっては大きな味方だという山田さん。バラも無農薬で育てたいので、バラの近くにはなるべくハーブを植えるようにしているそうです。

また、匍匐性のハーブはグラウンドカバーとして、雑草を防ぐ役目も果たしてくれます。足元を緑で覆ってくれるため、景観づくりにも欠かせません。

大株に育つハーブは
ポタジェでのびのびと

料理やティーで日常的に使うハーブ類は、寄せ植えや鉢植えにして、ウッドデッキなどで管理。また隣接する空き地を利用して、ポタジェもつくっています。

ポタジェがある場所は日当たりがよく、野菜やハーブにはうってつけ。とくにローズマリーやルバーブなど大きな株になるものは、ガーデンでは他の植物とのバランスを取りにくいので、ポタジェを利用してのびのびと育てています。

バラの根元に、デンタータラベンダー、アップルミント、タイムなど。

花壇の縁取りに、アップルミントとエリゲロン・カルビンスキアヌス。

虫除けを兼ねて植栽の縁取りに

ミントは強い香りと殺菌作用で、バラの病気や、アブラムシや毛虫などを遠ざけてくれるとか。その効果を期待して、バラのまわりにはアップルミントを植えています。また道路際は土が露出しないよう、タイムをグラウンドカバーとして利用しています。

アフタヌーンティーは、庭の隅の半日陰エリアで。

ポタジェで収穫したルバーブジャムを味わう

ポタジェで育てているルバーブからは、たっぷり茎が収穫できるので、ジャムにして保存。写真のようにスコーンと一緒に楽しんだり、パイの具などにします。ティーはルバーブの色に合わせた、鮮やかな赤色のハイビスカスティー（ローゼルティー）。

スコーンにルバーブジャムとアップルミントの葉を添えて。

レタス類が育ち、ナスタチウムもかなり伸びている。コリアンダーは花を残し、タネを採取予定。

ナスタチウムが花盛り。セルバチコ（ワイルドロケット）はすでにとうがたっている。

野菜とハーブのミニガーデン

ガーデンの一画につくられた、ハーブと野菜のミニガーデン。主にサラダに使うものを育てています。パンジーを抜いた後、レタス類が大きくなると、風景もだいぶ変わります。

スイートバジル、コリアンダーのポット苗を寄せ鉢に。

寄せ植えや寄せ鉢を庭のポイントに

料理によく使うハーブは、まとめて寄せ植えにしておくと便利。庭植えや寄せ植えのために購入したポット苗も、すぐ植えない場合は、寄せ鉢にして飾っておきます。

切り戻した枝は、挿し芽にして増やしている。

イングリッシュラベンダー、タイム、ワイルドストロベリー、セージの寄せ植え。

コモンセージ、チャイブ、スペアミント、イングリッシュラベンダー、ワイルドストロベリーの寄せ植え。

ナチュラルな雰囲気のDIYポタジェ

日当たりのよい場所にポタジェをいくつかつくり、野菜やハーブを育てています。このポタジェには、奥に大株のローズマリー、手前はチャイブ、タイム、ボリジなど。マリーゴールド（カレンデュラ）を一緒に植えると、線虫防除の効果が期待できます。

4つに区切ったポタジェ。中央のあいたスペースにキャットミントを植えている。

ポタジェのまわりに植えられたフレンチラベンダー。

ポタジェをつくる

簡単につくれるDIYポタジェを、山田さんに教えていただきました。看板や名札を工夫すると、アクセントになります。

植えつけてから約1ヶ月半後の様子。

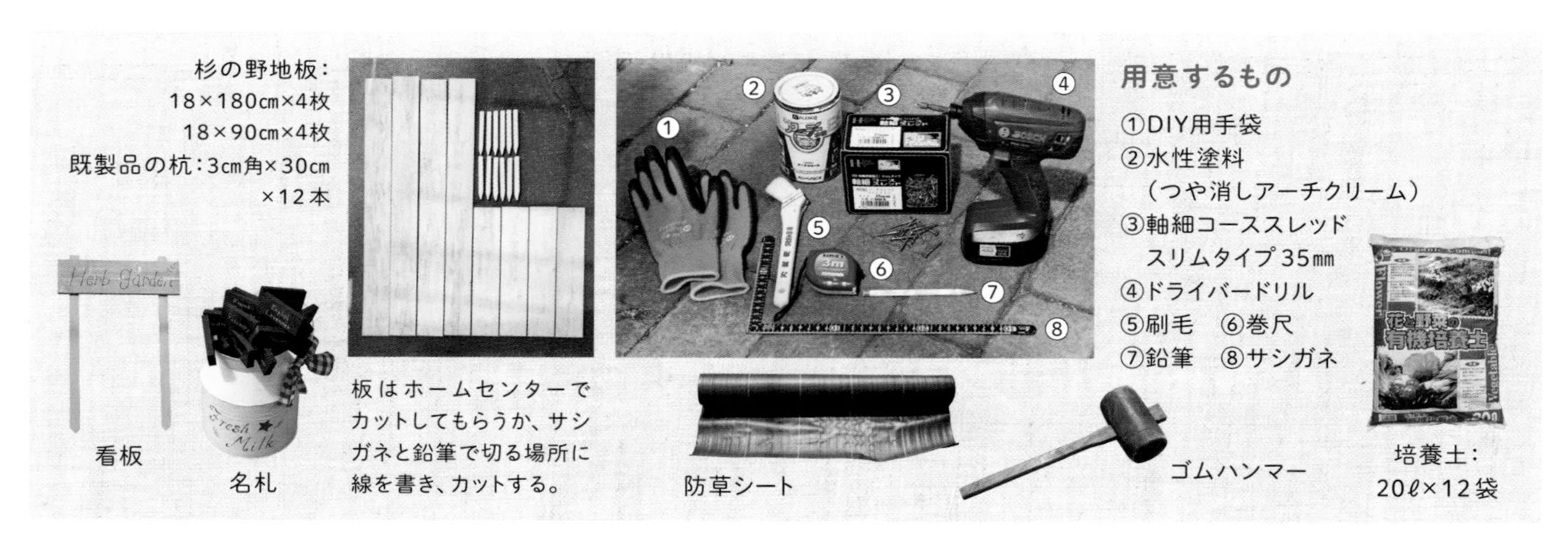

杉の野地板：
18×180㎝×4枚
18×90㎝×4枚
既製品の杭：3㎝角×30㎝
×12本

看板

名札

板はホームセンターでカットしてもらうか、サシガネと鉛筆で切る場所に線を書き、カットする。

防草シート

ゴムハンマー

培養土：
20ℓ×12袋

用意するもの

①DIY用手袋
②水性塗料
（つや消しアーチクリーム）
③軸細コーススレッド
スリムタイプ35㎜
④ドライバードリル
⑤刷毛　⑥巻尺
⑦鉛筆　⑧サシガネ

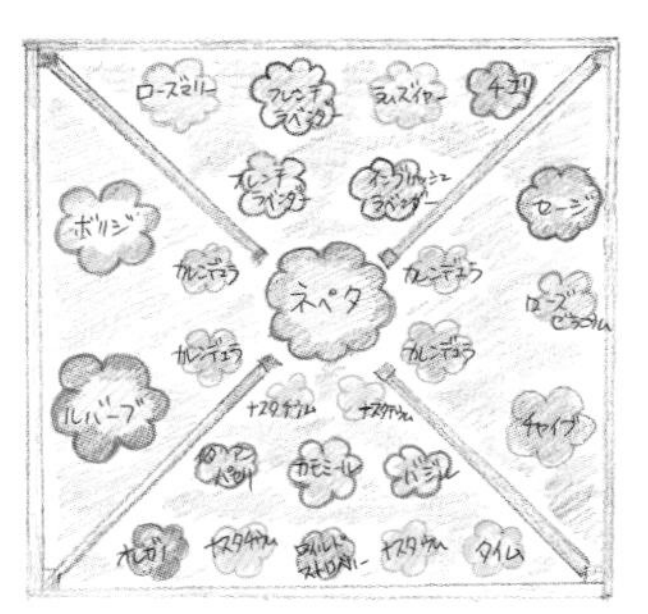

準備

どの場所にどのハーブを植えるのか、ざっと図にしておく。大きくなるフレンチラベンダーやボリジ、ルバーブなどは株間をあける。

用意するハーブ

キャットミント、ローズマリー、フレンチラベンダー、イングリッシュラベンダー、ラムズイヤー、コモンセージ、ローズゼラニウム、ボリジ、ルバーブ、ナスタチウム、チャイブ、カレンデュラ、イタリアンパセリ、ジャーマンカモミール、バジル、オレガノ、ワイルドストロベリー、タイム

つくり方

1 板や杭は水性塗料を塗っておく。

2 ドライバードリルを使い、コーススレッドで、外枠と間仕切り板に杭をつける。

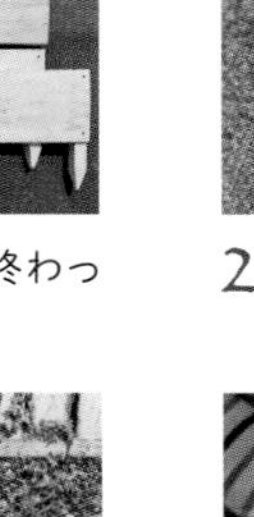

3 外枠と間仕切り用の板に杭をつけ終わったところ。

4 枠を立てる。土が堅い場合はゴムハンマーで杭を打ち、しっかりと埋める。

5 角の部分を、ドライバードリルを使い接合する。

6 外枠ができあがったところ。

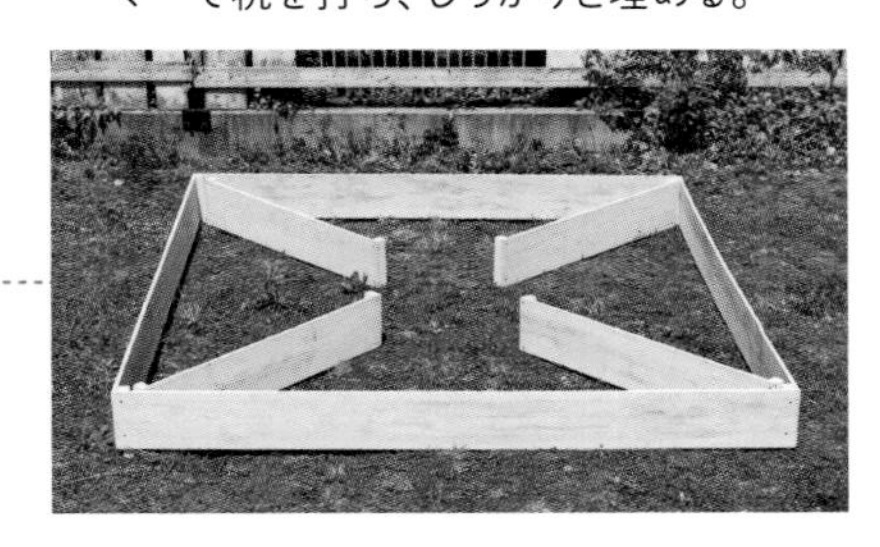

7 間仕切りを四隅から対角線上に立てる。

8 防草シートを三角に切り1ヶ所ずつ敷いていく。

9 培養土を入れる。地面よりかさ上げできるので、水はけがよくなる。

10 培養土を入れ終わったところ。

11 苗をポットごと置いてみて、バランスを見て植える位置を決める。

12 苗を植える際は、掘った穴に先に水を入れるのがコツ。

植えつけ完了

庭の奥には背の高い植物を、小道の近くには背の低いハーブを列植。

料理やお菓子に葉、花、実を使うフェンネルは、部屋からすぐ収穫できる場所に植えてある。

イングリッシュラベンダーとパセリ類は、相性のよいコンパニオンプランツ。

DIYのコンテナに、ラベンダー、ナスタチウム、イタリアンパセリ、チャービル、ラベンダーミントなど。

収穫しやすい配置に植える

料理でよく使うハーブは、コンテナに寄せ植えにし、部屋から直接収穫できる位置やキッチンの通用口の近くに配置。ハーブの教室がある2階のベランダは洗濯物などの邪魔にならないよう、コンテナを1列に並べています。

2階のベランダには、ミント類やタイム、セージ類など。

ハーブの魅力を知りつくした“ハーブの達人”の庭

Witch's Garden 福間さん

約50種のハーブで美しい庭を

ハーバルセラピストとしてメディカルハーブなどの講師をつとめている福間玲子さんのガーデンには、約50種のハーブが植えられています。たくさんのハーブを健康に育てるためには、風通しが大事。小道を設けることで空気が通り、収穫や作業もラクになります。

　庭としての美しさも大事にし、宿根草やバラ、樹木とハーブが、お互いに引き立て合うように。右ページの写真は5月に撮影したものですが、小道沿いに植えられたハーブと背の高いジギタリスやラークスパーの花が見事に調和しています。

堆肥を鋤き込み、夏は半日陰に

　福間さんが実践しているのは、バーク堆肥をよく鋤き込んで、水はけのよいふかふかの土にすること。また、ハーブ類は収穫を兼ねてこまめに切り戻しや枝透かしをし、茂りすぎないよう調節しています。

　花壇内のチェストツリーは、大きく育ちすぎると日陰ができるので、毎年深めに切り戻しています。ただし、初夏～夏は、半日陰のほうが葉質がやわらかくなるハーブが多いとのこと。庭の西側や南の縁には木を植え、夏の直射日光や西日をやわらげる工夫をしています。

ガーデンで味わうティーは格別

お客様の訪問が多いWitch's Gardenでは、ガーデンでのランチやティータイムのおもてなしが定番。木陰のコーナーでハーブティーやハーブを生かしたお手製のお菓子などをいただくひとときは、まさに極上の時間です。ナチュラルな雰囲気のテーブルセッティングにも注目。

小ぶりのパーゴラの下は、半日陰のティースペース。

手前はラベンダーのチーズケーキ。ティーはフレッシュのラベンダー、レモンバーム、ミントをブレンド。

ラベンダーとアップルミントの香りを楽しむサンドウィッチ。

秋にはローズヒップが窓辺を飾る。

ささやかなアレンジメントを楽しんで

初夏になるとぐんぐんハーブが育つので、切り戻し作業が必須。切ったハーブは乾燥したり料理に使うだけではなく、小さなアレンジメントにして家のあちこちに飾って楽しんでいます。

未熟のブラックベリーに、アップルミント、ヘリオトロープの花を添えて。

イングリッシュラベンダーと、スペアミント。

小道を縁取るように白いフィーバーフューが咲いている。モナルダの背後の木は、チェストツリー。

モナルダ

ソープワート

フィーバーフュー

初夏は庭が華やかに

6月末のガーデンの様子。小道沿いに植えたフィーバーフューが満開になり、モナルダやエキナセアなど背が高く存在感のある花がアクセントになっています。ピンクアナベルやダウカス'ダラ'など背の高い植物も花盛り。

エキナセア

楽しみなリンデンの収穫

玄関脇に植えたリンデンの木は、6月末頃に花が咲きます。リンデンは利尿作用や誘眠作用があるとされ、花粉にも有用成分が含まれています。フレッシュをティーでいただくほか、乾燥させた花や苞(ほう)はケーキ、入浴剤や化粧水で重宝します。

花や苞は乾燥させて保存する。

フレッシュのリンデンのリース。

リンデンパウダーにズッキーニ、アスパラなどを入れたケーク・サレ（塩味のケーキ）にリンデンティーを添えて。

玄関脇で立派に育ったリンデンの木。

ハーブを生かした料理で家族の健康管理も

フレッシュハーブだけではなく、ドライハーブも活用し、香り高い料理を楽しんでいます。有用成分も摂れるので、その時々の体調に合わせて使うハーブを選ぶことも。家族の健康管理にも役立てています。

よく使うトウガラシは、収穫したものをかわいらしく飾って保存。

手前はエビと新生姜とドライトマトで炊き込んだイタリアンライス、添えられたサラダは、自家製のリーフレタスなどをユズドレッシングにかぼちゃのタネやレーズンを散らしたもの、左奥はブロッコリーとフェンネルのスープ。

細かく刻んだフレッシュのローズマリーを使って、芳香蒸留水をつくっているところ。

イタリア製の銅の蒸留器。この蒸留器を使って、芳香蒸留水を精製する。

蒸留器を使って芳香蒸留水を抽出

蒸留器を使って、自宅で芳香蒸留水をつくっています。水蒸気の力でハーブの精油成分を気化させ、その後、冷却して、精油と芳香蒸留水を分けます。精油は微量しか採れませんが、芳香蒸留水をミストなどで活用。銅の装置そのものの美しさも魅力的なので、インテリアの小物としても楽しんでいます。

蒸留器はアルコールランプを使って気化させる。

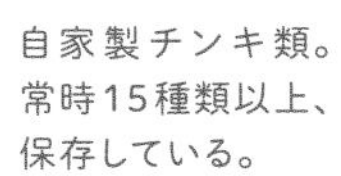

自家製チンキ類。常時15種類以上、保存している。

棚の中には、乾燥させたハーブがぎっしり。

バラの花（ローズペタル）とローズヒップのチンキでつくった石鹸。

乾燥したオリーブの葉のパウダーを使ってつくった石鹸。

さまざまな方法でハーブを活用

収穫したハーブは、蒸留、チンキなどさまざまな方法で有用成分を抽出。化粧水や石鹸、入浴剤、飲み物などの材料にします。

ハーブ索引

＊ハーブ名に関して、緑字は1種のハーブにつき複数品種を紹介している場合の品種名、青字は別名。赤字の数字は図鑑ページ。

あ
イタリアンパセリ……20, 36, 51, 58, 76, 77, 79, 118, 121
ウインターセボリー……52, 53, 81, 105
エキナセア……8, 10, 11, 71, 82, 83, 85, 93, 123
エルダー……71
オリーブ……10, 11, 34, 110, 125
オレガノ……52, 53, 80, 81, 82, 93, 118
　オレガノ'マルゲリータ'……85
　オレガノ'ロタンダフォリア'……85
　ゴールデンオレガノ……64, 80

か
カモミール……11, 63, 100, 108
　ジャーマンカモミール……10, 30, 31, 38, 43, 54, 60, 61, 63, 71, 102, 108, 118
　ダイヤーズカモミール……43
　ローマンカモミール……14, 43, 84, 113
カレープラント……60
カレンデュラ……10, 28, 30, 31, 36, 39, 40, 41, 42, 87, 117, 118
キャットミント……14, 16, 52, 53, 84, 94, 117, 118
コーンフラワー……48, 54, 70, 100, 102
コモンヤロウ……98
コリアンダー……17, 19, 22, 23, 36, 57, 79, 102, 103, 116, 117

さ
サントリナ……11, 27, 62, 96
　サントリナ・ハウスマニー……14
シソ……11, 68
スイートウッドラフ……34
スイートバイオレット……37, 47
スイートメキシカンハーブ……85
スープセロリ……9, 76, 77
ストロベリーキャンドル……60, 61
スミレ……39
セージ……11, 60, 71, 72, 76, 104, 105, 117, 121
　アメジストセージ……113
　ウッドセージ……85
　ゴールデンセージ……72
　コモンセージ……72, 117, 118
　トリカラーセージ……17, 52 53, 72
　パープルセージ……72
　ペインテッドセージ……64
　ホワイトセージ……72
　ロシアンセージ……64
セルバチコ……116
センテッドゼラニウム……28, 44, 48, 52, 60, 61
　アップルゼラニウム……44
　ナツメグゼラニウム……44
　ヘーゼルナッツゼラニウム……44
　ローズゼラニウム……27, 41, 44, 52, 60, 62, 118
セントジョーンズワート……63, 71, 90, 95
ソープワート……123

た
タイム……9, 10, 11, 14, 15, 16, 17, 19, 28, 32, 50, 51, 56, 57, 58, 64, 76, 81, 112, 115, 117, 118, 121
　クリーピングタイム……76
　ゴールデンレモンタイム……14, 32
　コモンタイム……76
　フォックスリータイム……34
　レモンタイム……11, 14, 15, 55, 76
タデアイ……11, 23, 83, 88, 89, 103
タラゴン……11, 56, 81
　フレンチタラゴン……81
　ロシアンタラゴン……81
タンジー……11, 62, 99
チェストツリー……99, 121, 123
チャービル……58, 79, 121
チャイブ……10, 20, 36, 56, 58, 75, 79, 117, 118
ディル……19, 20, 21, 24, 36, 76, 78
トウガラシ……27, 57, 79, 105, 124
ドクダミ……8, 11, 27, 62, 97

な
ナスタチウム……10, 11, 20, 21, 36, 45, 51, 116, 118, 121

は
ハイビスカス→ローゼル
バジル……25, 51, 73, 84, 118
　スイートバジル……9, 10, 36, 51, 58, 73, 117
　シナモンバジル……73
　ダークオパールバジル……73
　ホーリーバジル……49, 51, 73
　レモンバジル……51, 73
バタフライピー……24, 36, 59, 66
ハナビシソウ……60
ハマナス……63
ヒース……28
ヒメキンセンカ→カレンデュラ
フィーバーフュー……123
フェンネル……10, 17, 56, 60, 71, 76, 78, 103, 121, 124
　ブロンズフェンネル……78
ブラックベリー……122
ヘビイチゴ……28, 63
ヘリオトロープ……122
ボリジ……10, 14, 15, 16, 24, 30, 31, 36, 39, 46, 48, 55, 85, 117, 118

ま
マートル……18, 28, 106, 107, 110
　レモンマートル……110
マジョラム……10, 52, 53, 60, 64, 80, 81
マリーゴールド→カレンデュラ
マロウ……71
　コモンマロウ……54, 70
ミント……10, 11, 17, 32, 38, 44, 48, 51, 61, 65, 68, 82, 94, 112, 113, 114, 115, 121, 122
　アップルミント……48, 65, 115, 116, 122
　オーデコロンミント……51
　キューバミント……27, 51, 62, 65
　スペアミント……31, 38, 55, 62, 65, 113, 117, 122
　パイナップルミント……60, 61, 65
　ブラックペパーミント……17, 32, 33, 38, 39, 65
　ペパーミント……55, 71
　ラベンダーミント……121
モナルダ……30, 82, 92, 93, 123

や
ヤグルマギク→コーンフラワー
ユーカリ……11, 106, 107, 109
　レモンユーカリ……109
ヨモギ……8, 11, 31, 39, 97

ら
ラベンダー……8, 10, 11, 15, 41, 50, 52, 63, 64, 71, 82, 83, 84, 86, 87, 91, 104, 112, 113, 121, 122
　ラベンダー'グロッソ'……14, 82, 83, 86, 87, 91
　イングリッシュラベンダー……87, 91, 112, 113, 117, 118, 121, 122
　デンタータラベンダー……60, 91, 115
　フレンチラベンダー……27, 64, 91, 117, 118
ラムズイヤー……60, 61, 94, 118
リンデン……124
ルー……14, 15, 27, 48, 52, 53, 60, 61, 64, 98
ルッコラ……10, 20, 21, 23, 36, 75
ルバーブ……115, 116, 118
レッドクローバー……26, 31, 38
レモングラス……11, 17, 27, 62, 67, 71, 105
レモンバーベナ……11, 32, 33, 38, 55, 69, 71
レモンバーム……10, 30, 31, 32, 38, 39, 48, 51, 55, 59, 60, 68, 71, 82, 113, 122
レモンベルガモット……85
ローズヒップ……59, 69, 71, 122, 125
ローズペタル(バラの花びら)……63, 125
ローズマリー……9, 11, 27, 28, 41, 51, 52, 53, 57, 58, 62, 63, 74, 76, 105, 112, 115, 117, 118, 125
ローゼル……59, 69, 100, 101, 103, 116
ローリエ→ローレル
ローレル……10, 57, 76, 105, 109

わ
ワイルドストロベリー……32, 47, 117, 118

大多喜ハーブガーデン

大多喜ハーブガーデンは、ガラス張りの大温室で、四季それぞれのハーブがすこやかに育つ癒しの空間です。ガラスハウスなので、雨の日も開園。ガーデン散策を楽しめるほか、花木の苗販売やハーブレストラン、ハーブショップも併設されています。また、いろいろなハーブ関連イベントやワークショップも開催されているので、休日の一日をゆっくりくつろぎに出かけてみては。イベント情報はホームページで。

園内では、200種以上のハーブが栽培され、観たり触ったりできるのが魅力。ショップでは苗やティー、クッキー、フレッシュハーブなども購入でき、ハーブカフェレストランでは、フレッシュハーブを使ったランチやティーを楽しめる。

住所：千葉県夷隅郡
大多喜町小土呂2423
電話：0470-82-5331
ホームページ：
https://herbisland.co.jp/
＊詳細はホームページをご覧ください。

Flower&Herb Broom香房

本書監修の東山早智子さんのアトリエショップ'ブルーム香房'は、里山に囲まれた沼のほとりにあります。花やハーブに彩られたガーデンと小さなテラス、ショップからは、森や沼に訪れる水鳥も楽しめ、眺望も抜群。ショップではハーブ苗や寄せ植え、ハーブクラフトの販売を行っています。また春から秋にかけては、ガーデンマルシェなどのイベントやハーブ＆アロマなどのワークショップも開催。イベント情報をキャッチして、緑と風と光を感じながら里山ガーデンでのひとときを楽しんでみては。イベント情報やショップの情報は、ホームページやフェイスブックにてご確認ください。

沼のほとり、緑に囲まれたブルーム香房。イベントでは、ライブ演奏や手づくり雑貨などの出店も加わり賑やかに催される。写真下は、大多喜ハーブガーデンでのワークショップの様子。

店内ではハーブティーやスワッグ、キャンドル、コースターなど季節の小物を販売している。

DIYのショップのまわりやテラスでは、ハーブ苗や寄せ植えを販売している。

住所：千葉県いすみ市岬町井沢1557番地3　電話・ファックス：0470-62-5708
ホームページ：http://www.broomkoubou.com
※出張講習などでお休みの場合があります。遠方からの方は、電話などでご確認ください。

※住所や電話番号、ホームページアドレス等のデータは、諸々の事情により変更される場合があります。ご了承ください。

育てて生かす

ハーブで楽しむ庭づくり

監修 **東山早智子** ひがしやま さちこ

植物園のハーブ研究科を経て、1998年より「Flower＆Herb Broom香房」として活動を開始。各種イベントへの出店、オリジナルブレンドのハーブティー等の商品開発のほか、花やハーブ、アロマに関するワークショップなどを各所で開催する。2005年より古民家でアトリエ&ギャラリーショップを営み、より豊かなハーブとの暮らしを求めて、2013年に千葉県・外房に移住。2015年、里山に囲まれた自然豊かな沼のほとりに花とハーブのガーデンとアトリエショップをオープンし、ハーブの楽しみ方を提案している。

企画・編集 マートル舎
篠藤ゆり・秋元けい子
撮　　影 竹田正道
イラスト 梶村ともみ
デザイン 高橋美保
企画・編集 成美堂出版編集部
撮影協力 大多喜ハーブガーデン（瀧口千恵子・小幡恭稔）
特別協力 小平義則・優子　荘司成子　竹林久江　長瀬恭子　羽山雅代　福間玲子　正垣久美　松崎和子　松島由紀美　山形美恵子　山田千佳　和田教子（五十音順）

ハーブで楽しむ庭づくり

監　修　東山早智子（ひがしやまさちこ）
発行者　深見公子
発行所　成美堂出版
〒162-8445　東京都新宿区新小川町1-7
電話(03)5206-8151　FAX(03)5206-8159
印　刷　TOPPAN株式会社

ISBN978-4-415-32806-5
落丁・乱丁などの不良本はお取り替えします
定価はカバーに表示してあります